泄水建筑物掺气设施与供气系统掺气通风特性深化研究

齐春风　欧阳群安　著

U0345042

人民交通出版社股份有限公司

北　京

内 容 提 要

本书采用原型观测、模型试验和理论分析的方法对掺气设施掺气特性和供气系统通风特性进行了深化研究。第 1 章是绪论,第 2 章和第 3 章主要介绍了掺气减蚀原型观测工程概况和掺气设施原观水力特性的分布规律,第 4 章主要介绍了掺气设施掺气量的计算方法,第 5 章主要介绍了掺气设施掺气量的物理模型模拟情况,第 6 章主要介绍了泄洪洞多洞供气系统通风特性的理论分析方法,第 7 章是结论与展望。

本书适合水利工程相关专业的科技人员阅读,可供相关工程技术人员参考使用。

图书在版编目(CIP)数据

泄水建筑物掺气设施与供气系统掺气通风特性深化研究／齐春风,欧阳群安著. — 北京:人民交通出版社股份有限公司,2022.3

ISBN 978-7-114-17745-3

Ⅰ.①泄… Ⅱ.①齐…②欧… Ⅲ.①泄水建筑物—掺气水流—研究 Ⅳ.①TV65

中国版本图书馆 CIP 数据核字(2021)第 277153 号

Xieshui Jianzhuwu Chanqi Sheshi yu Gongqi Xitong Chanqi Tongfeng Texing Shenhua Yanjiu

书　　　名:泄水建筑物掺气设施与供气系统掺气通风特性深化研究
著 作 者:齐春风　欧阳群安
责任编辑:崔　建
责任校对:席少楠
责任印制:刘高彤
出版发行:人民交通出版社股份有限公司
地　　　址:(100011)北京市朝阳区安定门外外馆斜街 3 号
网　　　址:http://www.ccpcl.com.cn
销售电话:(010)59757973
总 经 销:人民交通出版社股份有限公司发行部
经　　　销:各地新华书店
印　　　刷:北京虎彩文化传播有限公司
开　　　本:720×960　1/16
印　　　张:10
字　　　数:185 千
版　　　次:2022 年 3 月　第 1 版
印　　　次:2022 年 3 月　第 1 次印刷
书　　　号:ISBN 978-7-114-17745-3
定　　　价:42.00 元

(有印刷、装订质量问题的图书由本公司负责调换)

前　言

　　随着泄水建筑物泄洪功率的增加,高速水流引起的空化空蚀问题非常突出,掺气减蚀作为一种有效的工程措施,已经在水利工程领域得到广泛应用,并取得了显著的减蚀效果和社会经济效益。但也有些工程在设置了掺气设施,甚至设置了多道掺气设施后仍然发生了空蚀破坏。在水电建设迅猛发展的21世纪,坝高已由200m提升到300m量级,我国已经建成的溪洛渡水电站、小湾水电站、锦屏一级水电站等工程的坝高都已接近或超过300m,超高坝的高速水流空化空蚀问题更加突出。当今,掺气减蚀的研究仍是我们面临的重要课题。

　　掺气设施的减蚀效果与掺气设施的布置方式和供气系统的敞闭特征密切相关。由于通风掺气现象的复杂性,理论分析尚不成熟,模型试验也不能完全模拟,目前关于掺气设施和洞内供气系统各项水力指标的预测,仍多依赖于经验公式或定性估计,预测结果离散性较大。掺气减蚀相关的理论研究和工程实践仍然亟待加强。

　　作者以泄水建筑物掺气减蚀原型观测资料为基础,汇总整理了掺气设施水力特性指标的分布规律,重点研究了掺气设施掺气量的计算方法及泄洪洞多洞供气系统通风特性的理论分析方法。具体为:①通过汇总国内外掺气减蚀相关的原型观测资料,研究了空腔负压、掺气设施掺气量和掺气设施保护长度等典型掺气水力特性指标分布的一般性规律;②基于众多工程掺气设施掺气量的原观资料,研究了掺气设施掺气量的计算方法,结合原型实测数据讨论了掺气量理论公式经验系数的取值,推导了经验系数与各影响因素的关系,通过分析掺气比与来流弗劳德数和单宽流量的关系,提出了两种基于原观数据的掺气比计算经验公式;③基于部分工程掺气量的原模型资料和加糙增紊模型试验,研究了掺气设施掺气量的物模模拟情况,通过原模型掺气量的比较,分析了模型比尺对原模型掺气比的影响,并采用加糙增紊的方法提高模型水流紊动程度,研究了局部加糙对掺气相关水力参数的影响,探索了水流紊动程度和掺气比的关系;④采用理论分析方法,研究了多洞供气系统的通风特性,基于气动平衡分析及质量守恒定理,对现有单洞供气系统通风特性理论分析方法进行了拓展及一般化,建立了多洞供气系统通风特性理论分析方法,并以锦屏一级泄洪洞为例,研究了泄洪洞及补气洞结构因素对供气系统通风特性的影响。

限于作者的学识水平,谬误之处在所难免,敬请批评指正。

作　者
2021 年 10 月

2

目　录

第1章 绪　　论

1.1 引言

高坝大库工程是水资源综合利用和水能资源开发的需要,截至 2019 年底,全球已建或在建的坝高排名前 100 的高坝中,中国占 34 座,其中 200m 以上超高坝 33 座[1-3]。目前,我国已建成的锦屏一级水电站、小湾水电站、溪洛渡水电站、糯扎渡水电站、拉西瓦水电站和正在建设的双江口水电站、松塔水电站、两河口水电站、白鹤滩水电站、龙盘水电站、乌东德水电站、茨哈峡水电站等工程坝高均超过了 250m,都是世界一流的巨型工程,同时也因为泄洪功率巨大、工程条件复杂、技术难度高等特点,面临着一系列世界级难题,其中高速水流引起的空化空蚀问题是水电站建设面临的一个重要问题。随着高坝建设的迅速发展,泄水建筑物的水头越来越高,最大单宽流量超过 $200\mathrm{m}^3/(\mathrm{s}\cdot\mathrm{m})$,最大泄流速度可达 40m/s 以上,有的甚至超过了 50m/s。几个典型高坝工程的泄洪情况如图 1-1 所示。泄流速度的增加,水流空化数的减小,致使泄水建筑物的某些过流部位常常发生严重的空蚀破坏[4-7]。

在高水头泄水建筑物的过流表面上设置掺气设施,使水流强迫掺气以减轻或避免高速水流产生的空蚀破坏,是一项在国内外水利水电工程中应用越来越广泛的实用技术。20 世纪 60 年代开始,掺气减蚀设施开始在美国、加拿大、苏联等国家的高水头泄水工程中应用。1945 年,美国垦务局在波尔德(Houlder)坝的泄洪洞内进行了通气减蚀试验;1960 年,为了修复大古力(Grand Goolee)坝[8]的坝内泄水孔,在泄水孔出口处设置了掺气设施,从而免除了空蚀破坏,这是首个采用掺气减蚀的工程实例。我国自 20 世纪 70 年代中期以来,在借鉴国外经验的基础上,开展了水流掺气减蚀的研究,冯家山溢洪洞[9]是我国第一座采用掺气减蚀设施的工程,经原型观测证明通气情况良好,运用安全可靠。目前,掺气减蚀已经在溢洪道、泄洪洞、陡槽、闸下出流、竖井等高水头大单宽流量的泄水建筑物中得到广泛的应用,并取得了显著的减蚀效果和社会经济效益[10-17]。但也有些工程在设置了掺气设施,甚至设置了多道掺气设施后仍然发生了空蚀破坏,比较典型的如二滩泄洪洞的空蚀破坏[18]。

a)锦屏一级水电站泄洪洞泄洪　　　　　　　b)溪洛渡水电站坝身孔口泄洪

c) 二滩水电站表孔和中孔联合泄洪　　　　　　d) 三峡水电站深孔泄洪

图 1-1　典型高坝工程泄洪情况

目前,关于掺气设施的体型设计及其各项水力指标的预测,仍多依赖于经验公式或定性估计,尚无比较通用的设计标准和计算方法;而且由于未知的缩尺效应,传统的重力相似模型试验还不能完全预示原型的掺气情况。掺气减蚀相关的理论研究和工程实践仍然亟待加强。在水电建设迅猛发展的 21 世纪,坝高已由 200m 提升到 300m 量级,我国已经建成的溪洛渡水电站、小湾水电站、锦屏一级水电站等工程的坝高都已接近或超过 300m,超高坝的高速水流空化空蚀问题更加突出。当今,针对掺气减蚀的研究仍是我们面临的重要课题。

1.2　泄水建筑物空蚀破坏

在流动的液体中,当局部区域的压力因某种原因下降至该区域液体温度相应的汽化压力以下时,部分液体汽化,溶于液体中的气体逸出,形成液流中的空泡,空泡随液流进入压力较高的区域时,因失去存在条件而突然溃灭,原空泡周围的液体运动使局部区域的压力骤增。如果液流中不断形成、长大的空泡在固体壁面附近频频溃灭,壁面就会遭受巨大压力的反复冲击,从而引起材料的疲劳破损甚至表面剥蚀,这种现象称为空蚀。

空蚀现象最早发现于造船和水利机械行业[5,19]。1921 年，英国驱逐舰"达令"号高速试航时，其螺旋桨推进器叶片有异常现象，经检查发现叶片被剥蚀[20]。之后，又发现水利机械的叶片上也存在类似于螺旋桨上的剥蚀现象。直到 1935 年，巴拿马的麦登(Madden)坝泄水孔进口发生严重的空蚀破坏，空蚀现象才开始引起水工建筑业的重视和研究。空蚀会破坏泄流建筑物的过流表面，影响过流性能，降低泄流能力，严重时可导致泄水建筑物不能正常运行，甚至引起振动，导致工程破坏。

1.2.1 空蚀破坏案例

国内外水利工程泄水建筑物发生空蚀破坏的例子很多，从骇人听闻的麦登(Madden)坝泄水道进口事故以来，美国的大古力(Grand Goolee)坝泄水孔、西班牙的阿尔德阿达维拉(Aldeadavila)坝泄洪洞、法国的塞尔蓬松(Serre-Poncon)坝泄水底孔、伊朗的卡比尔(Kabir)双曲拱坝溢洪道、苏联的布拉茨克(Bratsk)水电站溢流坝以及我国的丰满溢流坝、刘家峡泄洪洞、龙羊峡深水底孔都发生过严重的空蚀破坏[21-23]。国内外部分典型泄水建筑物空蚀破坏实例总结于表 1-1。

国内外部分泄水建筑物空蚀破坏案例　　　　　　表 1-1

工 程 名 称	破坏年份(年)	破 坏 位 置
麦登(Madden,巴拿马)	1935	泄水道进口顶板和侧墙
诺里斯(Norris,美国)	1937	泄水道
博尔德/胡佛(Boulder/Hoove,美国)	1941	泄洪洞反弧段
丰满(中国)	1944—1974	溢流坝面
大古力(Grand Goolee,美国)	1945	泄水孔出口
圣伊斯坦布尔(San Estambul,西班牙)	1959	泄洪洞反弧下端及水平弯道侧墙
塞尔蓬松(Serre-Poncon,法国)	1960	泄水底孔闸门下游扩散段
阿尔迪达维拉(Aldea-Davila,西班牙)	1960—1966	泄洪洞反弧段下端及水平段底部
盐锅峡[24](中国)	1960	溢流坝下游挑坎、导流底孔
帕利塞兹(Palisades,美国)	1964	泄水口门槽
埃尔因菲耶约(Ei infiernillo,墨西哥)	1962	泄洪洞反弧段下端及水平段底部
黄尾(Yellowtail[25],美国)	1967	泄洪洞反弧段下端及水平段底部
陆水蒲圻(中国)	1967	溢流坝反弧段趾墩后底板
刘家峡(中国)	1968—1972	泄洪洞工作门槽、反弧段下端及水平段底部

续上表

工 程 名 称	破坏年份(年)	破 坏 位 置
布拉茨克(Bratsk,苏联)	1969	溢流坝面
清溪(Clear Creek,美国)	1970	引水管
三门峡(中国)	1970	底孔底板、门槽、进口段
利贝 Libby[26](美国)	1971	泄水道
布赫塔尔马水电站 (Bykhtarmo,哈萨克斯坦)	1974	泄水底孔闸室
碧口[27](中国)	1975	泄洪洞底板、侧墙及出口段
二龙山(中国)	1976	底孔闸门槽
塔贝拉(Tarbela,巴基斯坦)	1977	泄洪洞
卡比尔(Kabir,伊朗)	1978	溢洪道
卡伦一级(Karun I,伊朗)	1978—1993	溢流坝面、泄水孔泄槽段和反弧段底板及侧墙
格伦峡(Glen Canyon[28],美国)	1983	泄水孔检修门和工作门之间、反弧段
龙羊峡[29](中国)	1987—1989	深水底孔
鲁布革[30](中国)	1989	右岸泄洪洞工作弧门门槽
福尔瑟姆(Folsom,美国)	1997	泄洪洞底板
二滩[18](中国)	2001—2003	泄洪洞反弧末端掺气坎以下底板和侧墙

　　Madden 坝位于巴拿马地峡区恰格莱河上,坝体内部布置了 6 个 3.05m×1.72m 的泄水孔,1935 年泄水孔过流 230h 后,其进水孔顶部和两侧边墙都发生了空蚀,空蚀深度 0.55m,钢筋出露,这是水利工程泄水建筑物首次发现空蚀破坏,在当时引起了很大注意。

　　胡佛(Hoover)水坝位于美国科罗拉多河上的黑峡,大坝左右两岸各设有一条泄洪隧洞,直径为 15.2m、混凝土衬砌,于 1941 年 8 月 6 日投入运行。1941 年 8 月 14 日,发现反弧段略有空蚀,但没有进行修复。低于设计流量运行 4 个月后,于 1941 年 12 月 2 日进行洞内检查,发现隧洞反弧段处发生空蚀破坏,此处混凝土厚度为 7.5m(混凝土龄期已有 7 年),但破坏依然很严重,击穿混凝土形成一个深 13.7m、长 35m、宽 9.5m 的大坑,坑内冲走混凝土和岩石 4500m³/s,当时立即进行了修复。但是,运行至 1983 年,泄洪隧洞又遭受同样破坏,之后基本停用。1987 年修复时,增设了通气槽,之后运行效果良好。

布拉茨克(Bratsk)水电站位于俄罗斯安加拉河上,大坝为宽缝重力坝。由于溢流坝面施工结束拆除模板时留有未填满的施工缝、突出体及其他不平整体,在连续泄洪11昼夜后,溢流面上形成了深1.2m、体积约12m³的冲蚀坑。在其他溢流面上,冲蚀坑深度平均为0.2~0.4m。破坏主要发生在溢流坝面的较低部位和有棱角的高突体之后。

卡伦一级(Karun Ⅰ)水电站位于伊朗卡伦河上,滑雪式溢洪道位于左岸,设有3扇高20m、宽15.2m的弧形闸门。1977—1978年汛期开始泄洪,单孔泄量1000m³/s时发生了严重的空蚀破坏,溢洪道底板出现深1.07m的孔洞。修复时采取掺气减蚀措施。1993年4~5月,溢洪道中间孔泄洪,泄槽底板和侧墙混凝土发生破坏,继续泄洪破坏进一步扩大,中间孔和右边孔的泄槽段下部和反弧段的底板和侧墙混凝土全部冲毁,下面的基础岩石被冲走,水流失去控制、涌向厂房。

丰满水电站位于第二松花江上,有11个溢流孔,孔口高6m、宽12m。1944—1950年为自由溢流,因混凝土强度低、施工质量差及表面不平整等原因,溢流坝面及护坦连续遭受空蚀破坏,最大蚀深,反弧起点上游为0.6~2.0m、反弧末端为3~4m、护坦达4.5m。修复时将溢流坝面加厚30cm,混凝土强度虽然提高,但坝面平整度依然较差。1953年和1954年过流时间分别达83d、69d,破坏面积超过1m²的水上部分为28处、蚀深0.1~0.5m,水下部分破坏面积较大的有7处,蚀深0.8~1.2m,两年总破坏面积达181m²。汛后对溢流面进行了修补。1956年过流,最大泄量3690m³/s,最大蚀深0.1~0.4m,总破坏面积161m²。修复后,1957年、1960年分别连续过流15d和19d,最大泄量分别为2140m³/s和2280m³/s,由于单宽泄量较大,局部地区空蚀严重,反弧末端附近破坏范围达35m²、蚀深0.1~0.5m,总破坏面积122m²。之后泄洪时,又屡次出现了小范围的破坏。

刘家峡水电站位于黄河上游,其右岸泄洪洞是由导流洞改建成的龙抬头式泄洪洞,设计落差120m,设计流量2140m³/s,反弧段最大流速达45m/s。1969年3月,因下游用水需要,从尚未全部衬砌的泄洪洞过水,泄流量980~1000m³/s,库水位到反弧末端水头约80m,流速36m/s,历时172h。过水后发现,斜井下游被冲出了一个宽10余米、深6~8m的大坑,整个导流洞底板表面遭受空蚀磨损。修补时,在原导流洞底板表面新加30cm厚钢筋混凝土底板进行加固,但底板表面没有进行处理、平整度较差,特别是反弧段末端底板表面还残留有钢筋头且局部凹凸不平。1972年5月,泄洪洞正式泄水,库水位至反弧末端落差为104.5m、流速约38.5m/s,泄洪流量为560~587m³/s,运行时间315h,反弧段后底板遭到严重破坏,最大冲深 4.8m、冲坑长度达 211m。1974 年改建时,改变了反弧段半径,并在施工中严格控制混凝土表面的不平整度。截至 1982 年,共泄洪 107h,泄水 4.417 亿 m³,运用情况基本良好。

鲁布革水电站位于南盘江支流黄泥河上,其右岸泄洪洞兼作导流、泄洪、水库排淤和放空之用,工作闸室段采用 20 ~ 30mm 厚的钢板衬护。1986 年汛期起至 1988 年 8 月为导流工况,最大过流量 940m³/s,没有发现空蚀破坏。1988 年 9 月开始泄洪,闸门共开启 103 次,泄洪历时 1768h,运行最大水头 77.5m,闸门长时间处于较小开度(1/5 开度占总历时的 70%)下运行。汛后发现,工作弧门后的底衬钢板凸起呈龟背状、钢板上抬最大约 8cm;钢衬后底板混凝土出现冲坑,长 9m、宽 8.3m、最深 2m,深入右侧边墙内 0.8m;右侧墙混凝土也出现冲坑,长 7.5m、宽 2.9m、最深 0.3m;底板冲坑内钢筋多被切断,边墙钢筋裸露。修复后,1990 年汛期投入泄洪,工作弧门 1/5 开度共 35 次,总泄洪历时 1226h,底板混凝土完好。但是工作弧门门槛与弧门上游底部钢衬的结合钢板焊缝遭到破坏。焊缝恢复后,经过 843h 泄洪运行,结合钢板发生较大位移,工作弧门上游底衬钢板失稳。最终取消钢衬,采用高强度等级混凝土进行衬砌。经过汛期较长时间的考验,没有再发生破坏。

二滩水电站位于雅砻江干流上,两条龙抬头式泄洪洞平行布置在大坝右岸,单洞最大泄流量 3800m³/s,洞内水流流速高达 45m/s。1 号泄洪洞全长 924m,库水位到反弧末端的落差约 104m,布置了 5 道气坎,其中 2 号掺气坎设置在反弧段末端。1 号掺气坎为跌坎,其余均为 U 形挑坎加跌坎。1998—2000 年,1 号泄洪洞共泄洪 2631h,2001 年 1 号泄洪洞在高水位下连续泄洪 62d,汛后检查发现,自 2 号掺气坎以下总长约 400m 的底板及侧墙混凝土衬砌遭受严重损坏,并在基岩上形成数个冲坑。破坏的主要原因是施工误差导致反弧末端掺气坎的侧壁通气孔顶缘高于底挑坎末端。之后,按原设计体型进行了修复,并将侧壁通气孔顶缘下降至挑坎以下 10cm。2003 年 8 ~ 9 月累计运行 322h,其中在高水位下运行 263h,泄洪洞底板没有发现空蚀破坏。但是,在 2 号掺气坎以下约 43m 范围内的侧墙上出现了约 25 处大小不一的气蚀坑,其中最集中的一处气蚀发生在 2 号掺气坎下游约 40m,距底板 3.5m 高的左侧墙上,形成了 4 个连续的气蚀坑、最大尺寸约为 120cm × 30cm × 10cm。综合设计、模型试验和原型观测成果分析,其原因是反弧末端边壁存在掺气盲区。2005 年,将 1 号泄洪洞的 2 号掺气坎改造成反弧末端上游侧墙突缩(侧墙贴角)加凸形跌坎的三维掺气形式。之后,经过汛期的多次现场检查,再没有出现明显的空蚀破坏。

部分典型工程空蚀破坏情况如图 1-2 所示。

a)阿海工程溢流表孔台阶坝面破坏

b)丰满工程溢流坝面破坏

c)Glen Canyon 工程泄洪洞空蚀破坏

d) Folsom 工程泄洪洞空蚀破坏

图 1-2 部分典型工程的空蚀破坏情况

1.2.2 空蚀破坏判定标准

关于空蚀破坏的机理,Reyleigh[31]提出了压力波模式,认为空泡溃灭时从溃灭中心辐射出来的压力波具有很高的压力,传到壁面上的压力最大可能会达到7000 个大气压[13]。Kornfeld 等[32]提出了微射流冲击造成空蚀的设想,Rattray[33]从理论上证实了微射流形成的可能性,Kling、Hammitt、Lauterborn等[34-35]分别用高速摄影证实了近壁处空泡溃灭时确实存在冲击壁面的微射流。

Shima 等[36]通过激光和高速摄影的联合运用,发现冲击波和微射流两种破坏机理都存在,其主次程度视空泡溃灭过程与壁面的相对距离而定。结合高速摄影和理论计算的研究结果[4],近壁区的单个气泡的不对称溃灭形成的微射流流速可高达 $170 \sim 230 \mathrm{m/s}$,足以对壁面材料造成破坏。

Eisenhauer[37]认为,空蚀破坏的损失质量是个空泡在近壁区的溃灭能量的函数关系,并提出了以下公式:

$$\dot{E}_{int} = 0.97\rho_w \frac{(1-\mu)}{G} v_s \frac{2r_{jet}^3}{R_e^3} p_\infty n \sum_{j=i}^6 \left[1.1^{\frac{-2L_1}{R+(i-3.5)\sigma_d}} - 1.1^{\frac{-2L_2}{R+(i-3.5)\sigma_d}} \right] \cdot$$
$$\frac{[R+(i-3.5)\sigma_d]^4}{L_2-L_1} e^{\frac{-(i-3.5)^2}{2}} \tag{1-1}$$

式中,$\dot{E}_{int}$ 为每个时间段的能量;μ 为混凝土的泊松比;G 为刚性模量;v_s 为声速;r_{jet} 为微射流直径;R_e 为溃灭空泡直径;R 为平均气泡直径,$R = 0.5(R_{max} + R_e)$,其中 R_{max} 为最大空泡直径;P_∞ 为溃灭压力;σ_d 为标准差,$\sigma_d = 1/6(R_{max} - R_e)$;$L_1$ 和 L_2 分别为边壁和空泡之间的距离;n 为空泡云中溃灭空泡的个数。

总损失率 $\dot{M}$ 采用单位时间内的空蚀体积 V 表示,其余空泡溃灭能量 $\dot{E}_{int}$ 和材料稳定系数 $\dot{E}_w$ 的函数关系为:

$$\dot{M} = \frac{dV}{dt} = \frac{\dot{E}_{int}}{C_2 \dot{E}_w} \tag{1-2}$$

式中,$\dot{E}_w$ 为应力、应变的函数;C_2 为混凝土的折减系数,$C_2 = 0.1 \sim 0.3$。

公式(1-1)可作为预测空蚀破坏的理论公式,但是公式中含有大量的未知参数,限制了公式的适用性。

实际中,常用水流空化数 σ 来衡量实际水流发生空化的可能性大小,其定义为:

$$\sigma = \frac{p_0 - p_v}{\gamma v_0^2/(2g)} \tag{1-3}$$

式中,p_0 为水流未受到边界局部变化扰动处的绝对压强;p_v 为汽化压强;γ 为水的重度;v_0 为水流未受到边界局部变化扰动处的平均流速;g 为重力加速度。

当水流空化数小到某一临界值时,边壁出现空化,这时的空化数称为临界空化数 σ_i。当 $\sigma > \sigma_i$ 时,不会发生空蚀;当 $\sigma < \sigma_i$ 时,可能发生空蚀。林继镛

等[38]认为,临界空化数只与过流边壁的几何体型有关,若干体型的临界空化数可查阅相关文献[39]。

Ball[40]、金泰来[41]、Hamilton[42]、Wood[43]、Elder[44]、Falvey[4]等认为,空蚀发生的临界空化数与糙体高度、错距、坡度、当量粗糙度以及紊流边界层和流速都有关系。Arndt提出了一个计算临界空化数的公式:

$$\sigma_i = c \left(\frac{h_r}{\delta}\right)^m \left(\frac{v_0\delta}{u'}\right)^n \tag{1-4}$$

式中,h_r为糙体高度;δ为边界层厚度;u'水流的紊流脉动流速;系数c和指数m、n的取值由糙体的形状、类型、糙体高度决定。

Falvey[45]和布格等[46]根据原型观测资料,提出了类似的减蚀方案设计的判定标准,详见表1-2。但是,实际工程运行中,最大流量往往不一定对应最小的空化数。

减蚀方案设计的判定标准　　　　　　表1-2

Falvey		布　格	
空化数 σ	设计要求	空化数 σ	设计要求
>1.80	不会发生空蚀	>1.70	不会发生空蚀
0.25~1.80	控制过流面不平整度	0.3~1.70	控制过流面不平整度
0.17~0.25	修改过流面曲率		
0.12~0.17	加设掺气设施	0.12~0.3	加设掺气设施
<0.12	修改设计方案	<0.12	修改设计方案

1.3 掺气减蚀研究现状

空蚀破坏强度大致与水流流速的5~7次方成正比。溢流面不平整,往往是引起空蚀破坏的主要原因[47-48]。精心设计体型提高空化区压强、选用抗空蚀性能好的材料、控制过水表面不平整度等措施都对防止空蚀破坏发挥了一定的作用,但是空蚀破坏并没有完全消除,而且表面精度要求较高,实际施工会很困难,且提高表面质量必然会增加造价[49]。

掺气减蚀设施的研究和应用逐渐打破了以往泄水建筑物边界必须光滑平顺的传统观念。掺气减蚀最早应用于水力机械,在泄水建筑物上的采用是由Bradley和Warnock首次提出的,Warnock首先将掺气减蚀应用于Grand Goolee坝的修缮方案,有效防止了其泄水孔的空蚀破坏。经过50多年工程实践的检验,掺气减蚀已经成为一种经济有效的工程措施,国内外已经有100多项工程的泄水建筑物应用了掺气设施[10-13,50,51]。

泄水建筑物是否需要采用掺气减蚀设施,我国根据已建工程投入运行以来的空化空蚀情况,将水流流速大小作为主要指标进行界定。当水流流速低于30m/s,且能严格控制施工不平整度时,原则上可以不设置掺气减蚀措施;当水流流速达到30m/s左右,可根据具体条件考虑是否设置通气设施;当水流流速超过35m/s时,无论从工程安全或是经济方面考虑,都应该设置掺气减蚀设施[52]。

1.3.1　掺气现象与机理

典型掺气设施挑流水舌示意如图1-3所示。按照掺气来源,射流水舌掺气主要分为来自空间的水舌表面自由掺气和来自空腔的水舌下缘强迫掺气。掺气减蚀研究主要针对掺气设施后水舌下缘的强迫掺气。

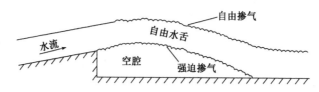

图1-3　掺气设施挑流水舌掺气示意图

掺气减蚀的基本原理是,在泄槽高速水流区设置掺气坎、槽,当水流经过掺气设施时产生分离,并在下游形成掺气空腔,在高速水流的紊动作用下,迫使大量空气掺入水流中,对水流掺气,形成可压缩性的水、气混合体。当挑射水流重新回到底板上时,水流中挟带了大量的空气,致使近壁水层自然掺气。这种近壁混合流能在沿程相当长的距离内保持其掺气浓度不低于某个防蚀有效的临界浓度值,使得这段距离内的边界免受空蚀破坏。

关于水流掺气的机理,现在主要有两种不同的假说:

(1)紊动坑穴闭合挟气。Ervine[53]等认为,当水流质点的紊动强度足以克服水流表面张力和重力作用时,水面法向脉动流速分量使水滴由水面抛出,在水面上形成坑穴,坑穴闭合时挟入空气。

(2)表面波破碎卷气。Volkart[54]等认为,自由水面波与空气介质相互作用而破碎时使得空气卷入。

在实际的水流掺气过程中,水面坑穴的闭合和波的破碎两种原因都存在。表面波破碎在流速3~4m/s时即可发生,随着流速的增加,水流紊动增加,挟气现象渐趋明显,当流速达到6~7m/s以上时,水滴跃入空气的量增多,挟气量相应增大。

　　紊动扩散是掺气的根本原因,水流紊动与掺气现象密切相关。水舌挑离掺气坎后,呈自由射流状态,由于水舌下缘气水交界面上的紊动剪切作用,界面处形成无数个小漩涡。在紊动涡体的法向脉动作用下,水流的表面张力和重力被克服,水舌表面逐渐变得粗糙直至破碎。涡体的法向脉动导致水舌下表面局部凹陷形成坑穴,坑穴闭合时卷进气泡,实现掺气。

　　水舌表面掺气的形成,需要水舌下缘质点有足够大的紊动能量来克服水流的表面张力和重力作用。Wood[55]等人建议用以下公式来表征水流紊动强度:

$$T_u = \frac{u}{v_0} \qquad (1-5)$$

　　式中,T_u 为气水交界面上的水流紊动强度;v_0 为来流断面的平均流速;u 为水流质点法向紊动流速的均方根,$u = \sqrt{\overline{u'^2}}$。

　　根据吴持恭[56]、陈长植[57]、邓安军[58]等人的研究成果,水流的法向脉动沿水深方向逐步增加,在近壁处达到最大值,然后迅速减小。水流表面紊动强度最弱、槽底附近紊动强度最大,典型截面的法向紊动强度分布如图1-4所示。陈长植[57]精确测量了掺气坎来流截面的流速分布,结果表明,随着来流速度的增加,水流法向脉动流速明显增大,掺气量也随着明显增加,说明水流紊动与掺气量有明显的关系。

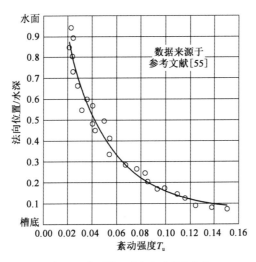

图1-4　典型截面法向紊动强度分布

1.3.2　掺气的研究方法

理论分析、模型试验和原型观测是研究掺气减蚀的基本方法。

1) 理论分析

关于掺气机理的理论研究主要集中于空化的发生、气体进入和逸出水体的过程等。Ball[40]、Hamilton[42]、Wood[43]、Elder[44]、Falvey[4]等众多学者研究了临界空化数与表面粗糙度、紊流边界层厚度和水流流速的关系。水流掺气现象主要是由气水交界面的紊动交换引起的，当水流速度超过 5 ~ 7m/s，射流水舌的上表面就会开始掺气。然而对于水舌的下表面的临界掺气条件，还没有统一的认识，潘水波[59]、Pinto[60]、Koschitzky[61]、Rutschmann[11]、May[62]等提出的观点不尽相同。单气泡在水体中的运动规律是研究掺气机理的基础。Haberman 和 Morton[63]较早开展了静水中单气泡运动规律的研究；Comlet[64]在他们的基础上考虑了阻力、重力和浮力对气泡运动的影响；Volkart[65]比较了气泡在静水和动水中的运动，发现气泡在动水中的逸出速率仅是静水中的1/10。

关于掺气减蚀已经进行了大量的理论研究，但由于掺气现象的复杂性，至今还未建立比较精确的数学模型。

2) 模型试验

利用模型试验研究掺气现象，从理论上讲，欲使模型试验和原型观测相似，模型和原型就必须满足几何相似、运动相似和动力相似，前两个相似条件容易满足，但要做到动力相似就比较困难。在常规水力学模型试验的设计中，大多遵循弗劳德相似律准则，即作用在水体上的诸力中，主要考虑重力作用，水流的黏滞力和表面张力不能达到完全相似，从而使得模型和原型在边界层厚度、水流紊动强度和水舌破碎程度及水滴喷溅等方面不相似，而掺气现象与这些特征值紧密相关，所以掺气量不能简单地按照弗劳德相似律转换，物理模型存在缩尺效应[66]。

众多学者对掺气量在物理模型中的缩尺效应进行了研究，提出了不同的计算公式。Bruschin[67]结合 Foz do Areia 的原观数据，假定 $V/(\beta h)$ 为常数，$\cos\alpha \approx 1$，建立了原型和模型掺气比的关系：

$$\beta_p = \sqrt{\lambda}\beta_m \tag{1-6}$$

王世夏[68]通过分析原型和模型雷诺数之间的关系，建立了掺气比的表达式：

$$\beta_p = \beta_m \left(Re_p/Re_m\right)^{0.174} = \beta_m Lr^{0.261} \tag{1-7}$$

王俊杰[69]假定掺气量与紊动强度成正比，建立了掺气量的表达式：

$$\beta_p/\beta_m = \lambda^{0.296} \tag{1-8}$$

Ervine[70]建立了原模型掺气比和摩阻流速 u_* 的关系：

$$\beta_p/\beta_m = \frac{(u_* - 0.2)_p}{(u_* - 0.2)_m} \tag{1-9}$$

潘水波[71]和夏毓常[72]结合 Foz do Areia、冯家山、乌江渡和白山等工程的原型和模型资料认为,当模型中的来流流速 $V \geqslant 6 \sim 7 \text{m/s}$ 或者以空腔长度表征的雷诺数 $Re_L \geqslant 3.5 \times 10^6$ 或韦伯数 $We_L \geqslant 1200$,模型掺气量就可以按照弗劳德相似律转换到原型,但李隆瑞[12]在对比羊毛湾水库 1:25 和 1:9.6 两个大比尺模型掺气量与原观掺气量后发现,即使模型中流速 $V \geqslant 7 \text{m/s}$,原型和模型掺气量也不一定相似。Vischer[73]建立了模型比尺和掺气量换算校正系数的曲线,认为当模型比尺 $Lr \geqslant 1/4$ 时,可以消除模型的缩尺效应。Pinto[74]通过多比尺模型试验和原观结果的对比,发现当模型比尺 $Lr \geqslant 1/10$ 时,模型和原型掺气量可按弗劳德相似律转换。

在无法采用较大模型比尺的情况下,为了能够在弗劳德相似模型中较好地模拟掺气现象,需要消除或减小模型与原型的不相似因素,使得原模型的紊流结构相似。当水流处于阻力平方区时很容易克服黏滞力的影响,边壁粗糙度对紊动起主要作用。水利工程泄水建筑物的流速一般都比较高,过流表面为水力粗糙面,要增加模型水流的紊动水平,可以考虑通过在泄槽底板上局部加糙的方法来实现。

关于加糙增紊,前人已经有过初步的探索。Kuiper[75]在研究螺旋桨的空化问题时采用了加糙方法,当粗糙度增加到一定程度,可以使模型上的层流边界层变成紊流,使得模型的初生空化数与原型一致。Pinto[74]建议采用模型加糙的方法可以消除紊流结构不相似造成的缩尺效应,并在 Foz do Areia 溢洪道 $Lr = 1:30$ 模型上进行了探索。Frizell[76]在 McPhee 溢洪道 $Lr = 1:36$ 模型研究中,通过在挑坎上游泄槽底板上局部设置 $150 \text{mm} \times 3 \text{mm}$ 的金属丝筛网,使得掺气坎的掺气量增加了 40% ~100%,但同时空腔长度却减小了 30% ~40%,空腔压力也有所减小。刘大明[77]在三峡溢流坝 1:23、1:35、1:50 三个比尺的模型研究中,通过设置不同筛分粒径的粗砂或碎石,对挑坎局部进行加糙,发现掺气量都随着粗糙度的增加而增大,且模型比尺越大、同一粗糙度对掺气量的影响越明显,但在各比尺模型中、空腔长度和空腔负压基本都未受粗糙度的影响。Ervine[70]、Rutschmann[78]、董曾南[79]、杨永森[80]等的研究也都表明,不同形式的加糙,可以不同程度地增加水流的紊动。

以上研究成果均表明,在泄槽底部局部增加粗糙度可以增加水流的紊动水平,从而提高掺气设施的掺气量,但关于粗糙度对空腔长度和空腔负压的影响的研究结果却有所不同。现有的研究成果基本都还属于定性研究范畴,尚未建立"表面粗糙度—水流紊动程度—掺气量"之间的定量关系。关于模型加糙方法以及粗糙度对水流紊动和掺气量的具体影响程度,还需要更细致的研究。

3）原型观测

在目前数学模型不够完善、水工模型缩尺效应制约的情况下,泄水建筑物原型观测是研究掺气现象的重要措施。通过直接监测泄水建筑物的运行情况,可以获得掺气现象相关的真实信息,而且具体的原型数据还可以用来验证数学模型与物理模型参数的正确性和相关性。20 世纪 50 年代,关于高速水流空蚀问题和掺气现象的原型观测逐渐开展。随着掺气设施在泄水建筑物中的应用,从 20 世纪 70 年代开始,很多工程都专门进行了掺气减蚀方面的原型观测工作。加拿大的麦加坝,通过原型观测,获得了最早的掺气减蚀的成功经验。已建工程关于掺气减蚀效果的原型观测,国外主要有美国 Glen Canyon 溢洪洞[76]、巴西 Foz Do Ariea 溢洪道[60]、委内瑞拉 Guri 2 溢流坝[81]、巴基斯坦 Trabela 隧洞[82]、苏联 Bratsk 大坝[83];国内有冯家山水库溢洪洞、乌江渡泄水建筑物[84]、小湾泄洪洞等。

1.3.3　掺气设施的布置

掺气减蚀设施的布置,应满足一定的基本原则:①掺气设施应设置在容易产生空蚀部位的上游,在其运用水头内形成并保持稳定的空腔,有足够的掺气量,保证下游水流有足够的掺气浓度;②应力求保证通过掺气设施的水流平顺,避免因设置掺气设施而恶化下游水流流态和过分抬高水面线,以及避免明流隧洞局部封顶、明槽边墙浸水、过高的水翅冲击其他建造物或增大冲击动压等水力现象;③空腔内不出现过大的负压;④掺气设施的体型力求简单,有足够强度和工作可靠性。

掺气设施的体型一般可分为两种类型,底部掺气设施和侧墙突扩(突缩)掺气设施。底部掺气设施一般包括通气槽、跌坎和挑坎。通气槽可以为水舌下表面提供供气空间;挑坎适用于小流量情况,较小的挑坎尺寸便可以起到比较明显的掺气效果,而且挑坎还可以作为已建泄水建筑物的补救措施;跌坎可以在大流量的情况下增加水舌长度,其设计简单、对水流流态的影响相对较小,但是跌坎在小流量情况下效果不显著。Vischer[73]、Volkart[85]、Falvey[55]、Bruschin[10]、Pinto[60]、邵娓娓[86]、时启燧[87]、Chanson[88]等对众多工程的掺气设施体型进行了研究,结果表明,将这三种底部掺气设施组合起来使用通常能够取得比较好的减蚀效果。挑坎在小流量的时候起主要作用,通气槽提供补气空间,跌坎在大流量的时候发挥主要作用。

近年来,由于高坝建设的迅速发展,我国学者在二维掺气的基础上提出了一些颇具创意的三维掺气形式。刘俊柏结合龙羊峡底孔泄洪洞提出了八字形挑坎加排水设施和门槽式突扩挑坎加排水设施两种方案[89],支栓喜结合拓林提出了齿墩式掺气坎[90],庞昌俊结合二滩水电站泄洪洞提出了横向局部变化的 U 形槽式掺气坎[91],冯家和等在 U 形掺气坎的基础上结合小湾工程提出了平面梯形挑坎[92],孙双科等结合小湾泄洪洞提出了包括平面凹形和平面凸形的平面弧形掺气坎[93],杨永全等结合构皮滩泄洪洞提出了 V 形槽式掺气坎[94],吴建华等结合龙滩工程平底底孔明流段提出了下游人字贴坡掺气设施[95]。与二维连续掺气相比,三维掺气坎能在一定程度上减小了空腔回水、改善了掺气效果。

借鉴偏心铰弧形闸门突扩跌坎形门座的掺气作用,杨永全[96]等首次将侧墙掺气方案应用于龙抬头反弧段。结合侧墙掺气的三维全断面掺气,可以使过坎水流四面凌空,不仅能形成一定范围的侧空腔,增加侧墙近壁掺气浓度,还能一定程度增加底空腔长度,减少空腔回水,增加底部掺气坎的掺气能力,对底板和边墙同时进行防护。三维全断面掺气已被应用在二滩、溪洛渡、白鹤滩、锦屏一级等水电站的泄洪洞反弧段[97-101]。

传统的底部坎槽组合式掺气设施及侧墙掺气设施的示意图如图 1-5 所示。国内外部分典型工程泄水建筑物的过流参数及掺气设施的具体布置情况分别列于表 1-3 和表 1-4。

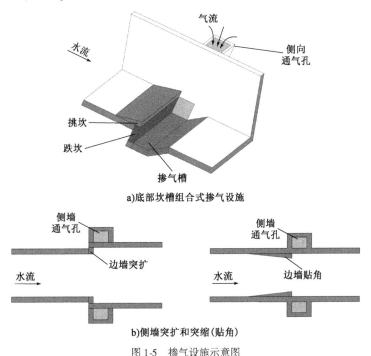

a)底部坎槽组合式掺气设施

b)侧墙突扩和突缩(贴角)

图 1-5　掺气设施示意图

国外典型泄水建筑物掺气设施布置案例

表 1-3

工程名称	国家	坝高 (m)	泄水建筑物	q_{wmax} (m³/s·m)	v_{wmax} (m/s)	掺气设施形式	数量	建成年份
阿利库拉 (Alicura)	阿根廷	130	溢洪道	77	<30	坎槽组合式	4	1985
布拉茨克 (Bratsk)	苏联	125	溢流道	101	—	突扩突跌,挑坎	2	1964
科尔文 (Colbun)	智利	116	溢洪道	170	38	挑坎	2	1984
德沃歇克 (Dworshak)	美国	218	中孔	101.8	—	突扩突跌	1	1973
恩鲍尔卡考 (Emborcacao)	巴西	158	溢洪道	—	—	突扩突跌	2	1982
福兹杜阿里亚 (Foz do Areia)	巴西	160	溢洪道	156	—	坎槽组合式	3	1980
格伦峡 (Glen Canyon)	美国	216	泄洪隧洞	315	55	环形挑坎	1	1964
大古力 (Grand Coolee)	美国	168	泄水孔	—	—	通气槽	1	1942
古里 2 期 (Guri 2)	委内瑞拉	162	溢流坝	250	35	突缩突跌,挑跌组合	2	1986
伊泰普 (Itaipu)	巴西/乌拉圭	196	溢流道	185	—	通气槽	1	1991
卡拉卡耶 (Karakaya)	土耳其	180	溢流坝	121	47	窄缝通气槽	1	1986
克拉斯诺亚尔斯克 (krasnoyarsk)	苏联	124	溢流坝,底孔	—	—	突扩突跌	2	1967
利贝 (Libby)	美国	136	泄水道	—	—	突扩突跌	1	1975
麦克菲 (McPhee)	美国	82.3	溢洪道	—	—	挑坎	1	1983
麦加 (Mica)	加拿大	243	泄水底孔	77.5	53	环形挑坎	2	1972
努列克 (Nurek)	苏联	300	泄洪洞	240	45	坎槽组合式	8	1980
彼德拉德尔阿古拉 (Piedra del Aguila)	阿根廷	170	溢洪道	192	—		4	1992
圣罗克 (San Roque)	菲律宾	210	溢洪道	122	45		7	2003
萨杨-舒申斯克 (Саяно-Шушенская)	苏联	242	溢流坝	—	—	挑坎	2	1987
色利克特 (Sirikit)	泰国	169	泄洪洞	137	37	坎槽组合式,跌坎	2	1972
塔贝拉 (Tarbela)	巴基斯坦	143	隧洞	255	—	突扩突跌,坎槽组合式	4	1976
托克托古尔斯克 (Toktogul)	苏联	215	溢流坝	—	—	跌坎,坎槽组合式	2	1978
黄尾 (Yellow Tail)	美国	160	泄洪洞	267	48	坎槽组合式,环形挑坎	3	1966

国内典型泄水建筑物掺气设施布置案例　　　　　表 1-4

工程名称	坝高 （m）	泄水建筑物	q_{wmax} （m³/s·m）	v_{wmax} （m/s）	掺 气 设 施		建成年份
					形式	数量	
冯家山	75	溢洪洞	158	29.6	坎槽组合式、跌坎	2	1978
石头河	105	输水洞	32	23.7	跌坎	1	1981
		泄洪洞	155	40.6	坎槽组合式	2	
乌江渡	165	溢流坝	165	>40	坎槽组合式	1	1982
		滑雪道	201	42	坎槽组合式	3	
		中孔	—	>40	坎槽组合式	1	
		泄洪洞	236	43.1	坎槽组合式	3	
丰满	91.7	溢流坝	27	4.6	挑坎	1	1937
白山	149.5	溢流坝	136	44.0	跌坎	1	1983
羊毛湾	47.6	泄洪洞	—	—	突扩突跌		1970
东江	157	放空洞	226	43.0	突扩突跌	1	1986
		滑雪道	105	40.0	坎槽组合式	2×3	
龙羊峡	178	溢流坝	174	40.0	坎槽组合式	1	1986
		中孔	258	40	挑坎	1	
		底孔	310	42	突扩突跌、坎槽组合式	3	
鲁布革	103.8	泄洪洞	210	34	坎槽组合式	2	1990
		溢洪道	112	28.4	坎槽组合式	2	
二滩	240	泄洪洞	292	45	U 形槽式掺气	5×2	1998
天生桥一级	180	溢洪道	298	39.53	坎槽组合式	5	1999
		放空洞	—	44.0	突扩突跌		
漫湾	132	冲沙底孔	—	38.0	突扩突跌	1	1995
东风	162	溢洪道	171	—	挑坎	1	1994
		泄洪洞	297	40.0	突扩突跌	1	
宝珠寺	132	泄洪洞	—	35.7	突扩突跌	1	1996
小浪底	154	明流泄洪洞	248	35.0	挑跌组合式	4	1999
		孔板泄洪洞	146	31.5	环形挑坎	2	
龙滩	216.5	溢洪道	249.5	—	挑坎	8	2001
公伯峡	139	泄洪洞	—	33.4	环形掺气坎	1	2006

工程名称	坝高 (m)	泄水建筑物	q_{wmax} (m³/s·m)	v_{wmax} (m/s)	掺气设施		建成年份
					形式	数量	
三峡	181	表孔	134	35	坎槽组合式	1	2006
		深孔	302	35	跌坎	1	
水布垭	233	溢洪道	229	40	挑坎	7	2010
		放空洞	267	38.2	突扩突跌	1	
小湾	294.5	泄洪洞	272	47	挑跌组合式、跌坎	7	2010
构皮滩	225	泄洪洞	288	>40	坎槽组合式、V形掺气坎	6	2011
		溢洪道	261	52.0	坎槽组合式、挑坎	5	
糯扎渡	261.5	左岸泄洪洞	278	37.5	突扩突跌、挑坎	5	2014
		右岸泄洪洞	276	40.7	突扩突跌、跌坎	5	
锦屏一级	305	泄洪洞	291	44	挑跌组合式、三维全断面	4	2014
溪洛渡	285.8	泄洪洞	300	>45	挑跌组合式、三维全断面	7	2014

当来流水力参数确定后,若单独使用挑坎,时启燧等[87]通过试验得到了一个计算挑坎高度最小值的经验公式:

$$\frac{t}{R} \geqslant 23.5 \left(\frac{v_0}{\sqrt{gR}} \frac{1}{\cos\alpha\cos\theta} \right)^{-3} \tag{1-10}$$

式中,t 为挑坎高度;R 为坎前的水力半径;α 为泄槽与水平面的夹角,即泄槽坡脚;θ 为挑坎与泄槽间的夹角,即挑角。

张效先等[102]提出了一个计算最优挑坎高度的经验公式:

$$t = 4.56338h_0(Fr_0^{-1}\cos\alpha\cos\theta) - 8.08536h_0(Fr_0^{-1}\cos\alpha\cos\theta)^2 -$$
$$0.33778h_0 \tag{1-11}$$

式中,h_0 为坎前水深;Fr_0 为坎前的来流弗劳德数,$Fr_0 = \frac{v_0}{\sqrt{gh_0}}$。

Rutschmann[103]以边墙高度和气流速度与水流速度比值最大为目标函数,得到了挑坎和跌坎组合型掺气设施的最优坎高:

$$T = \frac{15\cos^2\alpha}{\theta \cdot Fr_0^4} \tag{1-12}$$

式中,$T = \frac{t+d}{h_0}$,其中 d 为跌坎高度。

Zagustin[104]建议空腔长度应该大于 3～5 倍的坎顶水深,Pinto[60]也认为设计一个良好的掺气设施应该使空腔长度大于 4～5 倍的坎顶水深。

根据已建工程的实践经验,我国规范建议[52],单用挑坎或挑坎与通气槽组合时,挑坎高度可取 0.5～0.85m,单宽流量较大时取大值;单用跌坎时,跌坎高度可取 0.6～2.7m,泄槽坡度较陡时取小值;通气槽的尺寸由能够满足布置通气孔出口的要求而定,槽的下游边坡应削成水平,槽的尺寸(深×宽)一般采用 0.7m×0.3m、0.8m×0.8m、0.92m×0.92m 的比较多。挑坎与跌坎组合时,挑坎、跌坎高度都可以比单用时的取值略小一些。

1.3.4　掺气设施的水力特性

掺气系统的设计需要考虑掺气设施的通气特性,如水流的挟气量及通气孔面积及掺气设施后水流的掺气特性,如近壁水流的掺气浓度及掺气设施的布置间距等。掺气设施的水力特性指标主要包括空腔长度、掺气水深、水流挟气量、掺气浓度以及掺气设施的有效保护长度等。

典型掺气设施布置及其射流水舌形态分布如图 1-6 所示。

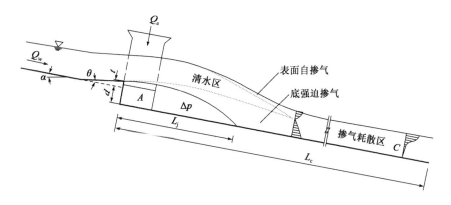

图 1-6　典型掺气设施布置及其射流水舌形态

图中,Q_w 为坎前来流流量;α 为泄槽坡角;t 为挑坎高度;θ 为挑坎角度;d 为跌坎高度;L_j 为空腔长度;Δp 为空腔压力;Q_a 为掺气量;A 为通气管出口面积;C 为掺气浓度;L_c 为掺气坎保护长度。

1) 空腔长度

掺气坎后的空腔长度,主要包括底空腔长度和侧空腔长度。影响空腔长度的因素主要有来流水力条件、掺气坎的几何尺寸、空腔负压和空气阻力等。

关于二维掺气坎后底空腔长度的计算方法,主要有刚体抛射公式[59,103,105]、尺度分析经验公式[87]、有限元法[106]和射流微元体受力平衡法[107]。其中,比较典型的公式主要有陈椿庭公式和 Rutschmann 公式。陈椿庭公式[47]的形式为：

$$\frac{L_j}{h_0} = BC + \left\{ Fr_0^2 \frac{\cos(\alpha - D\theta)}{\cos^2\alpha} \left[\sin D\theta + \sqrt{\sin^2 D\theta + \frac{2g(t + h_0/2)}{v_0}\cos\alpha} \right] + \frac{t + h_0/2}{v_0^2}\tan\alpha \right\}$$

(1-13)

式中，B、C、D 为修正系数；其余符号意义同前。

Rutschmann 公式[103]的形式为：

$$L_j = L_{max}\left(1 - 0.4\sqrt{\overline{\Delta p}}\right)$$

其中，$\overline{\Delta p} = \frac{\Delta p}{\gamma h_0}, L_{max} = \frac{Fr_0^2 \overline{\theta} h_0}{\cos\alpha}\left[1 + \sqrt{2 + \frac{2T\cos\alpha}{\overline{\theta} Fr_0}}\right], T = (t + d)/h_0, \overline{\theta} = \theta\sqrt{th\left(\frac{t}{\theta h_0}\right)}$

(1-14)

式中，$\overline{\theta}$ 为修正后的挑角；其余符号意义同前。

刘超等[108]以射流微元体平衡法为基础，提出了一种计算突扩突跌掺气坎底空腔长度的计算方法，在底部水舌的挑射过程中，考虑了射流的侧向扩散，其计算方法得到了部分试验数据的验证。

2）掺气水深

水流掺气会造成水体膨胀，增加泄流水深。在明流泄洪洞中，水深的增加会使泄洪洞开挖面积增大，如果掺气水深估算过大，则会造成不必要的工程浪费，倘若掺气水深计算不足，则会产生明满流过渡，水流流态不稳，很有可能增加水流的脉动以及振动作用，从而威胁泄水建筑物的安全[109]。从 1926 年匈牙利依伦伯格第一个开始研究高速水流掺气以来[110]，到目前已经有很多学者对掺气水深进行了研究[54,111-113]，工程设计中应用较多的掺气水深计算公式主要有以下几种[109]。

中国水电第十一工程局提出的经验公式：

$$\eta = 0.937\left(\frac{v^2 n\sqrt{gB}}{gRR^{\frac{1}{6}}h}\right)^{-0.088}$$

(1-15)

式中，η 为断面平均含水度，$\eta = $ 清水水深/掺气水深；v 为断面平均流速；n 为糙率系数；B 为泄槽宽度；R 为断面水力半径；h 为断面平均水深。

Hall 提出的断面平均含水度计算公式：

$$\eta = \frac{1}{1 + kFr^2}$$

(1-16)

式中，Fr 为断面弗劳德数；k 为与壁面粗糙度有关的系数，光滑壁面取0.0035，粗糙壁面取 0.01。

Lakshmano 提出均匀掺气情况下的断面平均含水度：

$$\eta = \frac{1}{1 + \Omega Fr^{1.5}} \qquad (1-17)$$

式中，Ω 为与断面形状有关的系数，矩形断面 $\Omega = 1.35n$。

3) 掺气量

对于强迫掺气，水流挟气量一般指水舌下缘的掺气量，即通气管的掺气量，掺气设施的掺气量与来流水力特性、渠道及掺气设施的几何尺寸、流体特性等众多因素相关。在过去的 40 多年里，众多学者对强迫掺气的掺气量进行了大量研究。Semekov[83]、潘水波[71]、Peng[114]、Pinto[74]、Seng[115]、Koschizky、Frizell[76]、Chanson[116]、Gaskin[117] 等都将气水比作为衡量掺气设施效率的重要参数。

目前，国内外已经有很多关于掺气设施掺气量的研究成果，其中大多是根据原型或者模型资料提出的经验公式。这些公式大致可以分为两类。

(1) 第一类经验公式。

第一种类型的经验公式基于理论分析。如图 1-7 所示，射流水舌脱离挑坎后，当水舌下缘的法向脉动流速 u' 足以克服水流表面张力和重力作用时，水舌即开始掺气。挑流水舌强迫掺气集中于水舌下表面一定范围内，若不考虑水舌上表面自掺气，水舌下缘强迫掺气区域以上为清水区。

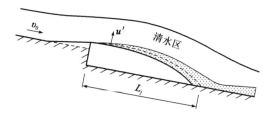

图 1-7 射流舌下缘掺气示意图

根据前人的研究成果[10,60,118]，掺气量或者单宽掺气量与水舌表面法向脉动流速及抛射距离有关，而水舌表面的法向脉动流速 u' 与水流的轴向(x 向)流速 V 成正比，因此该类公式的普遍形式为：

$$q_a = K v_0 L_j \qquad (1-18)$$

式中，q_a 为单宽掺气量；v_0 为水流的轴向流速，即来流断面的平均流速；L_j 为水舌抛射距离，即空腔长度；K 为经验系数。Pinto[60]、Hamilton[42] 和 Bruschin[10] 提出的经验公式均为以上类型。

此外，与之类似的还有 Falvey[4] 提出的关系式：

$$q_{\mathrm{a}} = Ctv_0 \tag{1-19}$$

式中，C 为系数，取值在 $0.1 \sim 0.64$ 之间；其余符号意义同前。

Kells[8]将公式（1-14）两边同时除以单宽流量 $q_{\mathrm{w}} = v_0 h_0$，得到气水比 β 的计算公式：

$$\beta = K \left(\frac{L_{\mathrm{j}}}{h_0} \right) \tag{1-20}$$

（2）第二类经验公式。

第二类经验公式基于原型或模型数据。通过对实测资料的分析，建立无量纲掺气比 β 和弗劳德数 Fr_0、掺气设施尺寸以及空腔负压之间的关系。这种类型经验公式的一般形式为：

$$\beta = f[\, Fr_0, 掺气设施尺寸, \Delta P\,] \tag{1-21}$$

Volkart[119]、Bruschin[10]、Pinto[82]、May[62]、夏毓常[84]和时启燧[120]等提出的经验公式，都属于这一类型。比较典型的表达形式介绍如下。

Rutschmann[78]根据模型试验结果，得到在不考虑空腔负压时气水比的计算公式：

$$\beta = 0.0493 \frac{L_{\mathrm{j}}}{h_0} - 0.0061 Fr_0^2 - 0.0859 \tag{1-22}$$

Koschizky 引入了一个空腔负压指数 $\dfrac{\Delta p}{\rho_{\mathrm{w}} g h_0}$，得到的该函数关系式：

$$\beta = C_1 (Fr_0 - Fr_{\mathrm{c}})^{C_3} \left(1 - C_2 \frac{\Delta p}{\rho_{\mathrm{w}} g h_0} \right) \tag{1-23}$$

式中，$0.0205 \leqslant C_1 \leqslant 0.0253$；$0.0001 \leqslant C_2 \leqslant 1.4447$；$C_3 \approx 1.5$；$Fr_{\mathrm{c}}$ 为初始掺气的来流弗劳德数，$3.5 \leqslant Fr_{\mathrm{c}} \leqslant 4.2$。

Volkart 和 Rutschmann 提出了一个计算气水比的通用公式：

$$\beta = K_1 (Fr_0 - K_2) - K_3 \left(\frac{\Delta p}{\rho_{\mathrm{w}} g h_0} \right)^n \tag{1-24}$$

式中，K_1、K_2、K_3 是取决于掺气坎体型的经验系数；n 为经验指数。

Pinto[82]根据 Foz do Areia 的工程资料，得到以下经验公式：

$$\beta = 0.47 \, (Fr_0 - 4.5)^{0.59} \left(\frac{C_{\mathrm{d}} A}{B h_0} \right)^{0.6} \tag{1-25}$$

式中,C_d 是流量系数;其余符号意义同前。

时启燧结合试验资料提出了一个计算公式:

$$\beta = \sqrt{\cos\alpha}(0.00358 + 0.0684X - 0.0387X^{-1}) \qquad (1\text{-}26)$$

式中,X 为综合水力参数,$X = Fr_0 \cdot \left(\sqrt{t/h}/\cos\alpha \cdot \cos\theta \right)$。

以上公式,虽然形式上差别比较大,但大都包含来流参数和掺气设施几何尺寸、空腔长度等参数。来流参数和空腔长度不能直接从原型中得到,需要根据模型试验或数值计算结果来推算。由于各家公式适用范围、资料来源、测试手段等诸项因素不同,针对某一具体工程,按不同公式计算,其结果有时相差较大。

4)掺气浓度

掺气设施效果的好坏主要看水流通过掺气设施后能否达到一定的掺气浓度。掺气浓度定义为混合掺气水流中空气体积占水气混合物总体积的比值。早在 1926 年,奥地利的依伦伯格[110]就开始对掺气水流进行了相关研究,并给出了水流掺气浓度、流速以及水力半径之间的关系,并将掺气水流分为三层:近地层(含有少量气泡)、中间层(水和气泡大致相等)、上层(大量水滴溢跃)。最早进行原型观测试验的是美国的霍尔[121],其于 1936 年开始在 Hal Creek 等陡槽上进行了相关试验,给出了估算陡槽断面平均掺气浓度的经验公式。随后苏联、法国、意大利、美国等国家开始对掺气水流进行研究[122]。Peterka[113]提出并证实,当水中存在一定量的气泡时,能够很大程度上改变水体的水弹特性,当水流中平均掺气浓度达到 5% ~8% 时,基本上就可以避免混凝土表面发生空蚀破坏,对于这个标准到现在仍然在相关文献中反复用到。Rasmussen[123]利用不同形状和材料的试件对掺气水流进行了空蚀破坏相关特性的研究,最终发现掺气浓度达到 0.8% ~1% 时,就可以完全避免空蚀破坏的发生。Semenk-ov 等通过试验研究发现流速为 22m/s 的水流,在掺气浓度达到 3% 时就可以使 40MPa 的混凝土表面免受空蚀破坏,掺气浓度达到 10% 时就可以使 10MPa 的混凝土表面免受空蚀破坏。Rozanov 等首次在减压箱内对消力墩的空蚀特性进行了研究,研究表明低压空化区掺气浓度达到 1.25% ~2.5% 时,空蚀破坏程度将降低 2 ~2.5 倍,掺气浓度达到 6% ~7% 时,空蚀破坏现象则完全消失。Grein 通过相关研究,也给出了和 Semenkov 相近的结论,即 3% 的掺气浓度就可以避免混凝土表面发生空蚀破坏。Russell[124]利用特制的封闭装置对不同掺气浓度下混凝土表面空蚀情况进行了详细研究,试验研究结果表明,掺气浓度达到 2.8% 时就可以免除混凝土表面发生空蚀破坏。C. Y. Wei[125]、时启燧[87]、罗铭[126]、G. Chanson[116]都曾对掺气减蚀挑坎进行过试验研究,他们均认为掺气是减免空蚀既有效又经济的解决办法。尽管掺气减蚀所需的准确气体含量尚不得知,但所有的研究都表明,少量的掺气对于减蚀的效果是十分明显的。

5)掺气设施保护长度

掺气设施的保护长度,是指近壁掺气浓度大于临界免空蚀掺气浓度的范围,它取决于掺气槽的形式、临界免空蚀掺气浓度和沿近壁底的掺气浓度衰减率。临界免空蚀掺气浓度,与来流条件、不平整凸体的形式、壁面材料强度及气泡尺寸有关,目前还没有广泛公认的评估标准,主要根据原型或者模型的经验值确定。泄槽底部的掺气浓度由于重力作用,沿水流方向逐渐减小。掺气浓度衰减率受来流水力条件和泄槽底坡及曲率的影响,过陡的坡度和过大的曲率会增加空泡的向上速度,使得沿着底部掺气浓度减小得更快。当掺气浓度降至最低免蚀掺气浓度以下时,则需要增设一道新的掺气设施。

关于如何确定第一道掺气设施的位置,通常有两种方法。第一种根据空化数确定,布置在空化数首次小于0.2的位置;第二种根据流速确定,布置于20~30m/s流速处。同时,也必须考虑来流参数,以便掺气设施后能够形成足够的空腔长度。Volkart[119]建议第一道掺气设施位于$Fr=4$的位置,Chanson[127]建议挑坎型掺气设施应位于$Fr \geqslant 7 \sim 8$的位置,以防坎后空腔被回水淹没。此外,第一道掺气设施有时还布置在便于布置的位置以及建筑物体型变化的位置,例如闸墩尾部或者泄槽底坡变化处等。

时启燧等[128]通过对模型试验与原型观测数据进行分析,得到了掺气坎下游底部掺气浓度沿程分布规律及掺气保护长度与空腔长度的关系,建议掺气保护长度取空腔长度的20倍左右;崔陇天[129]根据原型观测与模型试验结果,得出了掺气保护长度与水流弗劳德数、掺气挑坎高、泄槽底坡等因素相关的计算掺气保护长度的经验公式:

$$L_p = 25t(Fr_0 - 1)/\cos\alpha \qquad (1-27)$$

式中,L_p为掺气保护长度;其余符号意义同前。

该公式并未经大量的实际工程验证,不能充分保证其计算的可靠性。

目前还不能对掺气浓度沿程衰减率及其对边界的保护作用进行估算,设计时根据大比尺模型试验,并参考已运行工程的经验进行类比分析确定。参考文献[50]建议,在反弧段内,掺气设施保护长度为70~100m;在直线段内,掺气设施保护长度为100~150m;在掺气减蚀设施保护范围内,近壁处掺气浓度不得低于 3% ~4% 。

1.4 封闭式供气系统研究现状

1.4.1 封闭式供气系统介绍

泄水建筑物掺气减蚀效果与掺气设施布置方式密切相关,同时也与供气系统敞闭特征相关。对于溢洪道等开敞式明渠,掺气设施的通气管直接与大气相连,对应开敞式供气系统,供气仅受溢洪道周围河谷地貌的微弱影响,供气顺畅充足,掺气减蚀效果完全取决于掺气设施的布置方式。对于明流泄洪洞等封闭式明渠,气流通常需先经补气洞,然后再汇入泄洪洞,其中的一小部分最终才得以流经掺气设施的通气管以强迫掺气方式进入水体;掺气设施通气管是通过泄洪洞及补气洞间接与大气相连,对应的是封闭式供气系统,供气顺畅程度受补气洞几何形态及泄洪洞洞顶余幅空间等多方面因素的影响;这种情形下,掺气减蚀效果不仅与掺气设施布置方式有关,也与供气系统能否向泄洪洞内部顺利通气以供水流掺气使用有关,即与供气系统通风特性有关。

封闭式供气系统是以补气洞及泄水管道洞顶余幅空间为主构成的整体空间,通常用补气洞及泄水管道内时均风速、脉动风速、气压及噪声等参数来衡量其通风特性。合理的供气系统应确保供气充足,补气洞风速、泄水管道气压及与风速脉动伴随而生的噪声在合理范围内。

封闭泄水管道闸下出流水流和气流流态与闸门开度大小有关[130]。水流流态一般可分为明流缓流、明流急流、无压水跃、有压水跃、满流五种,以明流急流时对应的通风量最大。水流流态、流速、水深及水流紊动引起的各种水面状况等水力因素,以及供气系统及泄水管道的几何形态以及闸门形式等结构布置因素是影响供气系统通风量的主要因素[131]。

1.4.2 供气系统通风量计算方法

截至目前,已有许多学者对明流洞室供气系统以通风量为主的通风特性开展了研究工作,特别是对单补气洞的明流泄水管道。供气系统仅有一个补气洞的明流泄水管道示意图如图 1-8 所示。

1)理论公式

高又生[132]以明流管道以上的整个气流为分析对象,主要考虑水流拖曳力、管道两端压力对气流的作用,而忽略管壁摩阻力、气流速度改变的影响,根据气流运动平衡方程,推导得到供气系统通风量的理论计算公式:

$$Q_{ba} = \frac{v_w A_a}{1 + \sqrt{2/f_w}\,(A_a/a)\,\sqrt{\zeta h_a/2L}} \qquad (1\text{-}28)$$

式中,A_a 为泄水管道水面以上气流面积;ζ 为通气管阻力系数(包括沿程与局部阻力系数)与气流流速分布不均匀系数之和;f_w 为水流对气流的拖曳作用力系数,通过拟合国内 4 个原型观测资料,建立了如下形式的经验公式:

$$\sqrt{2/f_w} = 5.85\lg(h_a/Ri_w + 1) - 1.76 \qquad (1\text{-}29)$$

式中,R 为泄水管道内水流水力半径;i_w 为水流能坡。

通过采用高又生公式可直接估算通风量,无须试算。但是水流对气流的拖曳作用力系数的计算需预先知道管道内沿程水面线,实际应用中稍有不便。基于此,罗惠远[131]利用 13 个工程原观资料建立了水流对气流拖曳作用力系数与水流流速及水面以上气流高度的经验公式:

$$\sqrt{2/f_w} = 30\sqrt{gh_a/v_w^2} \qquad (1\text{-}30)$$

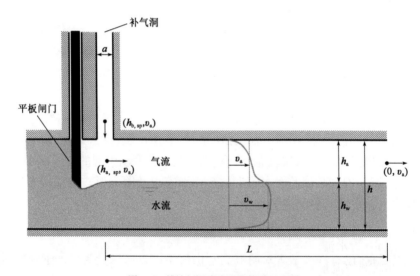

图 1-8　单补气洞明流泄水管道示意图

a-补气洞截面面积;v_a-气流速度;v_w-水流速度;$h_{b,sp}$-补气洞内负压水头;$h_{a,sp}$-泄水管道洞顶余幅内负压水头;h_a-泄水管道内洞顶余幅高度;h_w-泄水管道内水深;L-泄水管道长度

罗惠远[133]同样将水面以上气流作为分析对象,考虑端部压力及界面阻力建立气流运动平衡方程。与高又生不同的是,在处理水流对气流的拖曳作用力时通过引入一个无量纲系数 k 将其表示为只与水流速度有关的函数。最终得到

的气流速度计算公式表达式为：

$$v_a = \sqrt{\frac{kf_w Lv_w^2}{f_a (a/A_a)^2 LS_a + \zeta A_a}}$$ (1-31)

式中，f_a 为管壁对气流的阻力系数，其与管壁沿程阻力系数 λ 关系为 $f_a = \lambda/4$；S_a 为气流与管壁接触的周界线长。由于式(1-31)右端根号内分母第一项远小于第二项时，可略去。以式(1-30)计算水流对气流的拖曳作用力系数，则式(1-31)简化表达为：

$$v_a = k' \left(\frac{b}{A_a}\right) \sqrt{\frac{L}{\zeta g}} \cdot v_w^2$$ (1-32)

式中，$k' = \sqrt{k/450}$，部分原观数据拟合结果表明 k 取值在 0.03 ~ 0.05 之间，可取为 0.04。因此供气系统通风量计算公式为：

$$Q_{ba} = 0.04 \left(\frac{b}{A_a}\right) \sqrt{\frac{L}{\zeta g}} \cdot v_w^2$$ (1-33)

斯里斯基[130]过理论分析建立了供气系统通风量的计算方法。首先，将封闭泄水管道中气流分成受固体边界摩阻影响和受自由水面摩阻影响的两部分，从立面二维 N-S 方程出发，构建出化引气水流量 q^* 与气流相对测压管坡降 Z 的关系式：

$$q^* = \frac{X}{\alpha_q} \sqrt{\frac{2ZL}{h_a}}$$ (1-34)

式中，$q^* = Q_{ba}/(\alpha_q v_w b h_a)$，$\alpha_q$ 为考虑泄水管道水面以上实际气流条件不同于二维平行流的修正系数，当 $2 < b/h_a < 7$ 时，$\alpha_q = 0.16 b/h_a - 0.12$，当 $b/h_a > 7$ 时，$\alpha_q = 1.0$；$Z = i_a g h_a / u_w^2$，$i_a = h_{a,sp}/L$ 为气流测压管坡降，$h_{a,sp}$ 为泄流管道首部的负压水头，u_w 为水流表面流速；$X = \mu a/bh$ 为表征补气洞通风能力的无量纲参数，μ 为补气洞的流量系数；h 为泄水管道高度，b 为泄水管道宽度。

其次，对于补气洞应用伯努利方程，建立通风量 $Q_{ba,c}$ 与泄流管道首部的负压水头 $h_{b,sp}$ 之间关系：

$$Q_{ba,c} = \mu a \sqrt{2 g h_{b,sp} \cdot \rho_w/\rho_a}$$ (1-35)

联立式(1-30)、式(1-31)，经试算可确定出已知水流条件下对应的补气洞通风量。计算步骤为：①假定一个化引气水流量比 q^*，根据已知的水流量可求得一个与其对应通风量 Q_{ba}，通过式（1-30）求得一个与其对应的气流相对测压管坡降 Z，进而确定出泄流管道首部的负压水头 $h_{a,sp}$；②根据伯努利方程计算得到补气洞末端的负压水头 $h_{b,sp}$，进而根据式（1-31）得到一个 $Q_{ba,c}$；③比较 Q_{ba} 与 $Q_{ba,c}$，如果两者一致，说明假定的 q^* 合理，从而求得通风量；如果两者不一致，则重新选取 q^*。斯里斯基所构建的方法可以用于均匀管道明流和非均匀管道明流通风量的计算，同时可以考虑水面自掺气的影响。但实际应用结果表明，根据斯里斯基方法的通风量计算结果与实测结果可能相差较大[134]。

刘清朝[135]在假定泄洪洞内气压沿程分布规律已知且断面内气压均匀的前提下，构建了计算泄洪洞沿程断面内气流流速分布及气流量的数学模型，可判别洞内是否发生回流，但此数学模型只适用于均匀流或渐变流情形。

已有的供气系统通风特性理论研究成果在通风量预估及补气洞（或通风管）优化设计方面起到了重要的指导作用。但需要指出的是，理论分析中一般都未考虑或忽略了水流表面自掺气及掺气坎强迫掺气对通风量的影响。当泄洪洞顶余幅空间足够以保证通风顺畅（有的学者认为洞顶余幅面积不小于 0.2 倍泄洪洞全断面面积时可保证通风顺畅[133]），水流掺气量占总通风量的比重较小时采用这种处理方式是合理的。掺气设施位置空腔负压及气流分流造成的泄洪洞内气压及风速扰动只局限于附近局部范围。当通风不通畅，水流掺气量比重较大时这种处理方式则不妥。当然，考虑到实际工程中需要进行补气的泄洪洞都会预留足够的洞顶余幅，所以在通风特性理论分析中采取这种处理方式一般也是合理的。

2）经验公式

众多学者[135-142]通过整理供气系统通风量的原型或模型资料，通过回归分析得到了通风量计算的经验公式。以下分别为比较典型的几种类型。

Kalinske 和 Robertson[136]根据模型数据，最先建立了通风比 β_b（定义为供气系统通风量与水流量的比值）和水跃跃前断面弗劳德数 Fr_1 的经验公式：

$$\beta_b = 0.0066(Fr_1 - 1)^{1.4} \tag{1-36}$$

Campbell 和 Guyton[143]、永田二生、Wisner[137]、Sharma[138]等通过原型和模型数据建立的经验公式形式与公式（1-32）类似。

罗惠远[133]综合了 18 项工程 25 个原型观测数据，绘制供气系统最大通风量与气水混合流量的相关曲线，得出最大通风量的经验公式：

$$Q_{ba} = 0.09 v_w a \tag{1-37}$$

陈肇和等[139]引用了国内外 18 项工程、21 个闸门的原型观测资料,分别对平板闸门的有压管道和弧形闸门的无压管道两种布置形式,以管道长度与管道净高度之比 L/h 为参量,得出通风量经验公式:

$$\beta_b = k_1 \left(Fr_{门} - 1 \right)^{\left[k_2 \ln(Fr_{门} - 1) + k_3 \right]} \tag{1-38}$$

式中,k_1、k_2、k_3 为与闸门形式和管道尺寸有关的系数,$Fr_{门}$ 为闸门处的弗劳德数。

供气系统通风与水流掺气都为复杂的水气两相流问题,经验公式的精度取决于取值样本的丰富程度,实际应用起来往往具有局限性。

1.5 本书的主要研究内容

掺气设施工程形式简单、施工方便,且减蚀效果明显,如今在高水头泄水建筑物中应用越来越多。掺气设施的减蚀效果,不仅与掺气设施布置方式有关,也与供气系统能否向泄洪洞内部顺利通气以供水流掺气使用密切相关。但由于掺气现象复杂,理论分析尚不成熟,模型试验也不能完全模拟,已有的关于掺气设施掺气和供气系统通风水力参数的估算方法离散性较大。对于泄水建筑物掺气设施的掺气特性和洞内供气系统的通风特性,仍然需要进一步的深化研究。

本书以泄水建筑物掺气减蚀原型观测为基础,对掺气设施水力特性指标的分布规律进行了汇总与整理,然后重点研究了掺气设施掺气量的计算方法、掺气设施掺气量的物模模拟情况,以及泄洪洞多洞供气系统通风特性的理论分析方法。具体内容包括:

(1)掺气设施水力特性分布规律研究。通过汇总国内外大量掺气减蚀相关的原型观测资料,对掺气设施的水力特性指标进行了整理和分析,研究了空腔负压、掺气设施掺气量和掺气设施保护长度等典型掺气水力特性指标分布的一般性规律。

(2)掺气设施掺气量的计算方法研究。基于众多工程掺气设施掺气量的原观资料,讨论了掺气量理论公式经验系数的取值,推导了经验系数与各影响因素的关系;通过分析掺气比与来流水力参数的关系,分别建立了掺气比与弗劳德数和单宽流量的计算公式。

(3)掺气设施掺气量的模型试验研究。基于部分工程掺气量的原型和模型资料,分析了模型比尺对原模型掺气比的影响,为提高模型掺气量,采用加糙增紊的方法提高水流紊动度,试验研究了局部加糙对掺气相关水力参数的影响,然后通过表面粗糙度与水流紊动程度的转化,探索了水流紊动程度和掺气比的

29

关系。

(4)泄洪洞多洞供气系统通风特性研究。基于气动平衡分析及质量守恒定理,对现有单洞供气系统通风特性理论分析方法进行了拓展及普及,建立了多洞供气系统通风特性理论分析方法,并采用锦屏一级泄洪洞原观资料进行了验证。以锦屏一级泄洪洞供气系统为例,通过改变补气洞及泄洪洞几何尺寸参数分析了结构因素对供气系统通风特性的影响。

第 2 章　掺气减蚀原型观测工程概况

原型观测是研究掺气减蚀的重要方法,通过直接监测泄水建筑物掺气设施的运行情况,可以获得掺气现象及掺气减蚀效果的实际资料,原观成果还可以用来验证设计条件及物理模型试验成果和数学模型参数的正确性,具有重要的实际意义和科学价值[144]。因此,众多水电工程都开展了掺气减蚀方面的原型观测研究。本章汇总了国内外掺气减蚀相关的原型观测案例,并对典型案例的工程概况进行了介绍。

20 世纪 30 年代开始,国外一些研究机构已经开始水电工程泄洪原型观测相关的工作,主要观测项目集中在泄流能力、压力分布及泄流流态等。由于坝高的逐年增加,高速水流问题相继出现,其中主要为空蚀问题。20 世纪 50 年代以后,关于高速水流空蚀问题和掺气现象的原型观测逐渐开展。随着掺气设施在泄水建筑物中的应用,20 世纪 70 年代开始,很多工程都专门进行了掺气减蚀方面的原型观测工作。本书共搜集了从 20 世纪 70 年代开始国内外多个关于掺气减蚀方面的原型观测案例。

掺气减蚀原观参数主要有通气管的进气量、坎后空腔负压、壁面掺气浓度以及泄洪隧洞进出口风量等。掺气水深和空腔长度在原型中很难直接得到。国内外部分典型原观案例的掺气设施布置及其观测情况分别列于表 2-1、表 2-2。

国外部分典型掺气原观案例的掺气设施布置及其观测情况　　表 2-1

工程名称	泄水建筑物及其掺气设施	泄水建筑物坡角 α (°)	掺气设施组合尺寸			通气管 [数量,形状,尺寸(m)]	观测年份	观测项目
			θ (°)	t (m)	d (m)			
Amaluza	溢洪道掺气坎	67.50	45.00	0.06	0.00	1 廊道 ×14.2	1984	①
Libby[145]	泄水道掺气坎	17.50	3.18	0.038	0.00	2 □1.524 × 2.133	1976	①②
McPhee[146]	溢洪道掺气坎	18.40	6.40	0.90	0.00	2 □0.91 ×1.22	1987	①②③
Alicura[147]	溢洪道 1 号 ~ 4 号掺气坎	19.29	9.90	0.175	0.00	2 □3 ×1.02	1985	①②④

工程名称	泄水建筑物及其掺气设施	泄水建筑物坡角α(°)	θ(°)	t(m)	d(m)	通气管[数量,形状,尺寸(m)]	观测年份	观测项目
Colbun[103]	溢洪道上掺气坎	27.10	11.30	0.25	0.00	2□3×1.5	1987	①
	溢洪道下掺气坎	27.10	11.30	0.25	0.00	2□3×1.5		
Tarbela[148]	泄洪洞出口掺气坎	0.00	5.89	0.11	0.00	边墙突扩	1983	①
	平洞段3道掺气坎	0.00	7.13	0.14	0.00	2φ1.0		
Emborcacao	溢洪道上掺气坎	10.20	7.13	0.30	0.00	2□4.2×1.5	1982	①
	溢洪道下掺气坎	10.20	7.13	0.20	0.00	2□4.2×1.5		
Guri[81]	溢流坝上掺气坎	51.30	7.00	1.00	0.00	边墙突缩	1987	①②
	泄槽1下掺气坎	51.30	5.00	0.25	2.84	6□1.25×1.25		
	泄槽2下掺气坎	51.30	25.00	1.50	2.20	6□1.25×1.25		
Foz do Areia[60]	溢洪道1号掺气坎	14.49	7.13	0.20	0.00	2□4×1.8	1980	①②③
	溢洪道2号掺气坎	14.49	7.13	0.15	0.00	2□4×1.8		
	溢洪道3号掺气坎	14.49	7.13	0.10	0.00	2□4×1.8		
Nurek[149]	溢洪道8道掺气坎	—	0	0	0.4	—	1984	①
Bratsk[13]	溢洪道2道掺气坎	51.30	突扩突跌、挑坎			—	1973	④
Glen Canyon[150]	溢洪洞掺气坎	55.00	环形挑坎			1×2.7	1984	①②

注:1. "□"代表通气管出口为矩形截面,后面数字代表长度×宽度;"φ"代表通气管出口为圆形截面,后面数字代表直径。
  2. 观测项目:①掺气量;②空腔负压;③空腔长度;④掺气浓度。

国内部分典型掺气原观案例的掺气设施布置及其观测情况　　表2-2

工程名称	泄水建筑物及其掺气设施	泄水建筑物坡角α(°)	θ(°)	t(m)	d(m)	通气管[数量,形状,尺寸(m)]	观测年份	观测项目
丰满[151,152]	溢流坝半孔掺气坎	52.00	11.30	0.20	0.00	1□0.3×0.5	1980	①②④
白山[153]	溢流高孔掺气坎	63.40	0.00	0.00	1.66	2φ1.2	1986	①②
龙羊峡[154]	中孔掺气坎	15.00	5.71	0.50	0.00	2φ1.0	1990	①②④

续上表

工程名称	泄水建筑物及其掺气设施	泄水建筑物坡角 α（°）	掺气设施组合尺寸			通气管［数量,形状,尺寸(m)］	观测年份	观测项目
			θ（°）	t（m）	d（m）			
二滩[97]	泄洪洞反弧段掺气坎	38.70	11.30	0.20	0.00	—	2005	①④
东江[155]	左右滑雪道上掺气坎	43.85	2.86	0.40	0.60	2φ1.0	1992	①④
	左右滑雪道下掺气坎	32.73	5.71	0.30	0.60	2φ1.0		
	右岸深孔放空洞掺气坎	0.00	—	0.09	0.80	边墙突扩	1993	
冯家山[84]	溢洪洞上掺气坎	26.56	3.81	0.60	0.00	2φ0.9	1980	①②③④⑤
	溢洪洞下掺气坎	0.13	7.13	0.30	0.00	2φ0.9		
石头河[156]	泄洪洞上掺气坎	21.80	5.76	0.15	0.00	2□0.64×1	1984	①②③
	泄洪洞下掺气坎	0.57	5.76	0.15	0.00	2□0.64×1		
	输水洞出口掺气坎	3.58	0.00	0.00	0.35	2□0.25×1		
乌江渡[157]	左滑雪道上掺气坎	54.14	4.84	0.61	0.00	2φ1.2	1982 1983	①②③④
	左滑雪道下掺气坎	19.26	11.30	0.85	0.00	2φ1.2		
	右滑雪道下掺气坎	19.26	11.30	0.85	0.00	2φ1.2		
	2 号溢流孔掺气坎	55.02	11.30	0.85	0.00	2φ1.2		
	左岸泄洪洞掺气坎	33.69	3.28	0.38	0.00	4φ1.2		
	右泄洪洞上掺气坎	19.20	12.60	0.29	0.00	2□1.2×2		
	右泄洪洞下掺气坎	2.70	0.00	0.00	1.00	2□0.85×2.5		
	中 4 孔掺气坎	55.00	11.30	0.85	0.00	—		
三峡[158,159]	溢流坝掺气坎	55.00	11.30	0.80	0.00	2φ1.3	2003 2008	①④
	深孔掺气坎	0.00	0.00	0.00	1.50	2φ1.4		
鲁布革[160,161]	左岸泄洪洞上掺气坎	7.09	7.13	0.80	0.00	2□2.5×0.8	1991	①②④
	左岸泄洪洞下掺气坎	0.22	7.13	0.60	0.00	2□2.0×0.6		
	左岸溢洪道上掺气坎	18.26	11.30	0.80	0.80	1□0.65×1.95 + 1□0.5×2		
	左岸溢洪道下掺气坎	18.26	11.30	0.40	0.80	1□0.56×1.70 + 1□0.5×2		

续上表

工程名称	泄水建筑物及其掺气设施	泄水建筑物坡角 α (°)	掺气设施组合尺寸			通气管[数量,形状,尺寸(m)]	观测年份	观测项目
			θ (°)	t (m)	d (m)			
糯扎渡	溢洪道1号掺气坎	0.76	5.72	0.30	3.50	2□4×3.46	2014	①②④⑤
	溢洪道2号掺气坎	12.95	7.95	0.80	4.00	2□4×3		
	溢洪道3号掺气坎	12.95	7.95	0.60	4.00	2□4×3		
	溢洪道4号掺气坎	12.95	5.69	0.60	4.00	2□4×3		
	溢洪道5号掺气坎	12.95	5.69	0.50	4.00	2□4×3		
小湾	泄洪洞1号掺气坎	23.69	5.71	0.532	1.30	2□2.5×1.5	2014	①②④⑤
	泄洪洞2号掺气坎	2.41	0.00	0.00	2.50	2□2.5×1.5		
	泄洪洞3号~7号掺气坎	6.03	0.00	0.00	2.00	2□2.5×1.5		
锦屏一级	泄洪洞1号掺气坎	24.36	11.88	0.50	1.50	2□1.8×1.2	2014 2015	①②④⑤
	泄洪洞2号掺气坎	24.36	5.71	0.40	1.50	2□2.0×1.4		
	泄洪洞3号掺气坎	24.36	3.81	0.15	1.50	2□2.0×1.4		
	泄洪洞4号掺气坎	4.57	5.71	0.20	1.50	2□2.2×1.4		

注:观测项目:①掺气量;②空腔负压;③空腔长度;④掺气浓度;⑤隧洞进出口风量。

2.1 国外典型案例概况

国外一些研究机构较早开始了水电工程的泄洪原型观测,这些泄洪观测工作为学科发展做出了巨大贡献,也为工程的设计、管理运行提供了科学支撑。在泄水建筑物掺气减蚀方面,加拿大的 Mica 坝首次进行了掺气减蚀原型观测并获得了成功经验,美国的 Grand Goolee 坝泄水孔的原型观测证实了掺气减蚀技术的可靠性,其后建设的高速泄水建筑物均要求布置掺气设施。

国外已建工程关于泄水建筑物掺气减蚀的原型观测,主要有巴西的 Foz do Areia 溢洪道、委内瑞拉的 Guri 溢流坝、阿根廷的 Alicura 溢洪道、美国的 McPhee 溢洪道等。

2.1.1 Foz do Areia 溢洪道

Foz do Areia 大坝位于巴西的伊瓜苏河上,坝高160m,为混凝土护面的堆石坝,库容 $4×10^9 m^3$。溢洪道位于左坝肩,最大运行水头118.5m,最大泄洪流量 $11000 m^3/s$。溢流堰顶端装有 4 个 14.5m×18.5m 的弧形闸门,泄槽宽70.6m、长 400m,底坡为 25.84% 。陡槽段设有 3 道坎槽组合式掺气设施。挑坎高度分别为 0.2m、0.15m、0.1m,槽深 1.5m、长 6m。在掺气坎两侧对称布置通气管道,通气管出口尺寸为 4m×1.8m。Foz do Areia 溢洪道及其掺气设施布置如图 2-1所示。

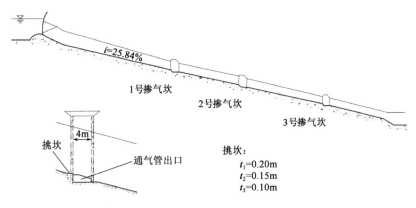

图 2-1　Foz do Areia 溢洪道及其掺气设施布置示意图

1980 年对其溢洪道开展了掺气减蚀原型观测,在流量从 535～3300m³/s 范围内变化时,主要测量了三个掺气坎后空腔底板的压力分布和通气管的进气量。为获得较宽的范围、探求通气管的灵敏度,分别测试了通气管全部开启及前两道掺气设施通气管非对称开启(右侧进气塔关闭)的情况。

2.1.2　Guri 溢流坝

Guri 大坝位于委内瑞拉东南部奥里诺科河支流卡罗尼河上,大坝为土石坝,最大坝高 162m,整个工程分两期建设。河床溢流坝泄洪能力 30000m³/s,设 9 孔弧形闸门,其中每 3 个孔口分隔为单独的溢流段、溢流段长度 150m,在其中 2 个溢流段各设置了 2 道掺气坎。上掺气坎为突缩突跌,布置在闸墩末端、由闸墩尾部进气,挑坎高度 1m、挑角 7°,侧向突缩厚度 1m、角度 45°。下掺气坎布置在泄槽段,泄槽坡角为 51.3°。在泄槽 1,下掺气坎布置在上坎以下 93m 处,由高 2.84m 的跌坎和高 0.25m、挑角 5°的挑坎组成,宽度 48m,通气设施由 6 个连接在一起的出口尺寸为 1.25m×1.25m 的方形孔构成、在边墙处通过 2m×4m 的通风口与大气相连;在泄槽 2,下掺气坎布置在上坎以下 103m 处,宽 51m,由高 2.2m 的跌坎和高 1.5m、挑角 25°的挑坎组成,通风设施仍由 6 个连接在一起的出口尺寸为 1.25m×1.25m 的方形孔构成,进口尺寸为 2m×3.1m、布置在挑坎下的两个附属廊道内。Guri 溢流坝及其掺气设施布置如图 2-2 所示。

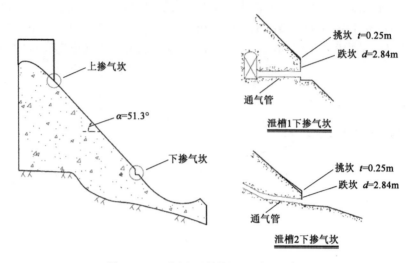

图 2-2　Guri 溢流坝及其掺气设施布置示意图

1987 年对其溢流坝开展了掺气减蚀原型观测,在流量从 330~7200m³/s 范围内变化时,主要测量了掺气坎后空腔底板上的压力分布和通气管的进气量。

2.1.3　Alicura 溢洪道

Alicura 水电站位于阿根廷内乌肯省境内内格罗河支流的利迈河上,大坝为重力坝、最大坝高 130m,于 1984 年建成。泄水建筑物主要包括右岸泄水底孔和左岸的溢洪道。溢洪道布置在左岸,包括闸门结构、泄槽和消能建筑物。溢洪道设有 3 扇弧形闸门,每扇闸门高 14m、宽 12m,最大下泄流量 3000m³/s。泄槽宽 39m、底坡为 35%,沿程共设置了 4 道相同的坎槽组合式掺气设施,每道掺气设施的挑坎高度为 0.175m、坡比为 17.5%,水平方向间距 63m。在掺气坎两侧对称布置通气管道,通气管出口尺寸为 3m×1.02m。Alicura 溢洪道及其掺气设施布置如图 2-3 所示。

1985 年对其溢洪道开展了掺气减蚀原型观测,在流量从 255~1014m³/s 范围内变化时,主要测量了掺气坎后空腔底板上的压力分布、通气管的进气量及沿程掺气浓度等参数。

2.1.4　McPhee 溢洪道

McPhee 调节水库位于美国科罗拉多州,大坝为土石坝,坝高 82.3m。主要泄水建筑物溢洪道位于大坝右侧,最大落差 90m,主要包括引水渠、泄槽、消力池和尾水渠,泄槽坡脚为 18.4°。1983 年,溢洪道现场施工完成,但是其表面平整度未能达到避免空蚀破坏的要求,相较于达到表面高平整度的维修费用,决定在溢洪道设置掺气设施。原设计在泄槽段桩号 13＋99 和 15＋94 增设两道掺气,后经模型试验验证,仅在桩号 15＋29(最小空化数为 0.195)设置一道挑坎,即可有效避免空蚀破坏。挑坎高度 0.91m、挑角 6.4°,通气管对称布置在掺气挑坎两侧边墙,进口为 1.22m×1.22m 的方形截面、位于边墙顶部,出口为 0.91m×1.22m 矩形截面、布置于挑坎后侧。McPhee 溢洪道及其掺气设施布置如图 2-4 所示。

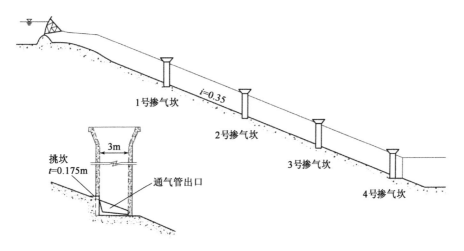

图 2-3　Alicura 溢洪道及其掺气设施布置示意图

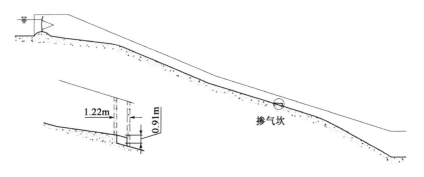

图 2-4　McPhee 溢洪道及其掺气设施布置示意图

1987 年 5 月展开原型观测,限于下游渠道的过流能力,现场最大泄量 142m^3/s、仅为最大泄量的 15%。主要测量了掺气坎后空腔长度、空腔底板上的压力分布和通气管的进气量。

2.2 国内典型案例概况

随着我国水电建设事业的蓬勃发展,我国的原型观测技术也取得了较大的发展,通过对多个大中型水电工程进行的泄洪原型观测,为工程的设计、施工、运行等方面解决了很多的实际问题。尤其是近 20 年,还专门针对一些巨型水电站开展了原型观测工作。

国内已建工程关于泄水建筑物掺气减蚀的原型观测,主要包括冯家山溢洪洞、石头河输水洞、乌江渡泄水建筑物、丰满溢流坝、白山溢流高孔、鲁布革泄水建筑物、糯扎渡泄水建筑物、小湾泄洪洞、锦屏一级泄洪洞等。

2.2.1 冯家山溢洪洞

冯家山水库位于陕西省宝鸡市渭河支流汧河的下游,拦河坝高 75m,总库容 3.89 亿 m^3。冯家山溢洪洞是我国第一座采用掺气减蚀设施的工程。冯家山溢洪洞及其掺气设施布置见图 2-5。

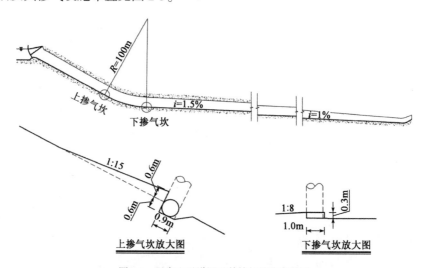

图 2-5 冯家山溢洪洞及其掺气设施布置图

左岸溢洪洞为水库的主要泄洪建筑物,溢流曲线段下接 1:2 斜坡段、反弧段及水平段,全长 922.23m,设计为龙抬头式的明流泄洪隧洞,主洞断面为直墙圆拱形,高 11m、宽 7.2m。溢洪洞设计泄流量 725 m^3/s,校核泄流量 1140 m^3/s。校核水位下最大水头 67.5m,最大平均流速 29.6m/s。在反弧段上下切点附近分别设置了两道掺气挑坎。上掺气坎,坎高 0.6m、长 9.0m,坎坡比为 1:15,坎后槽宽 0.9m、槽深 0.6m,两侧边墙内各设直径为 0.9m 的通气管;下掺气坎坎高

0.3m、坎坡1:8,两侧边墙内也各设直径为0.9m的通气管、但出口渐变为0.3m×1.0m的矩形截面。

1980年9月至10月开展了原型观测,这是全国第一次进行以掺气减蚀为主的比较全面系统的水力学原型观测。现场观测时,上游水位固定(上、下掺气坎坎上水头分别为48m、61m)、通过调节闸门开度获得不同的来流,在流量从195~548m³/s范围内变化时,主要测量了隧洞进出口风量、掺气坎后空腔底板上的压力分布、通气管的进气量及沿程掺气浓度等参数。

2.2.2　石头河输水洞

石头河工程是以灌溉为主的综合性的水利枢纽,由105m高的土石混合坝,总泄流量为7150m³/s的溢洪道、泄洪洞和输水发电洞组成。石头河泄洪洞是继冯家山工程溢洪道之后国内第二个采用掺气槽的工程,其落差和流速均大于冯家山工程,从库水位至反弧末端的最大落差93.25m,闸门全开时的最大泄量850m³/s,反弧末端的最大流速40.6m/s,泄流空穴数σ在0.1~0.2之间变化,对于不平整度的要求,施工上很难满足。在泄洪洞设两个掺气挑坎、坎高15cm,以保证反弧段及其以后的部分减免空蚀破坏。输水洞位于大坝右岸,在距进口38m处,底板突跌0.35m,跌坎顶宽2.25m,跌坎两侧边墙各设置0.6m×1.0m矩形通气管,到出口缩为0.25m×1.0m,总长2.2m。石头河输水洞及其掺气设施布置见图2-6。

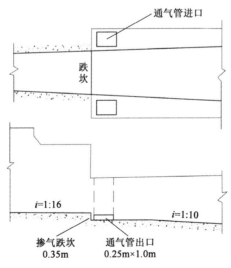

图2-6　石头河输水洞及其掺气设施布置图

1984 年 10 月对其输水洞开展了掺气减蚀原型观测,在流量从 7. 85m³/s ~ 71. 26m³/s 范围内变化时,主要测量了掺气坎后空腔长度、空腔底板上的压力分布和通气管的进气量。

2.2.3 乌江渡泄水建筑物

乌江渡水电站是我国在岩溶地区兴建的第一座大型水电站、位于乌江中游,重力拱坝坝高 165m,总库容 33.4×10⁸m³。泄洪建筑物主要包括坝上 6 孔溢洪道(其中,左右两边为滑雪式溢洪道、中间 4 孔为溢流孔)、左右岸泄洪洞和坝身的两个泄洪中孔,最大下泄流量 24400m³/s。主要泄水建筑物上的最大流速都超过了 40m/s,最大可达 43.1m/s。为防止空化空蚀,在主要泄水建筑物上都采用了掺气减蚀措施。各泄水建筑物及其掺气设施布置如图 2-7 所示。

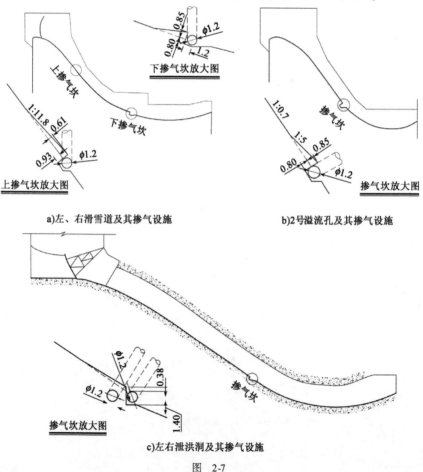

图 2-7

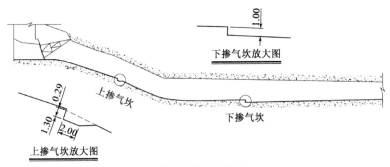

d)右岸泄洪洞及其掺气设施

图2-7 乌江渡泄水建筑物及其掺气设施布置图(尺寸单位:m)

左、右滑雪道:沿滑雪道溢流面布置两道掺气坎槽。在溢流面1:0.7斜坡段末端处布置第一道,挑坎高度0.61m,坎坡1:11.8,槽宽1.2m、槽深0.93m,两侧边墙内各设直径为1.2m的通气管,但左滑雪道仅左侧边墙内通气管起作用、右侧通气管阻塞不通;第二道掺气坎槽设置在反弧段的中部,挑坎高度0.85m,坎坡1:5,槽宽1.2m、槽深0.8m,两侧边墙内各设直径为1.2m的通气管。

溢流孔:4个溢流孔内各设置一道掺气坎槽,布置于溢流面1:0.7斜坡末端,坎高0.85m、坎坡1:5,槽宽1.34m、槽深0.8m,两侧边墙内各设直径为1.2m通气管。

左岸泄洪洞:在溢流面1:1.5斜坡末端处设置一道掺气坎槽,挑坎坎高0.38m、坎坡1:17.5,槽宽0.7m、槽深1.4m,两侧边墙内各设直径为1.2m的两个通气管,其中一对通气管的出口设在挑坎下游垂直壁面上。

右岸泄洪洞:沿泄洪洞共布置两道掺气坎槽。第一道布置在溢流面$i=35\%$斜坡上,挑坎高度0.29m,槽宽2.0m、槽深1.3m,两侧边墙内各设尺寸为1.2m×2.0m矩形通气管;第二道布置在平洞段,跌坎高度1.0m,两侧边墙内各设尺寸为0.85m×2.5m矩形通气管。

1982年和1983年先后两次对其泄水建筑物开展了原型观测,在流量从453~2125m³/s范围内变化时,主要测量了通气管进气量、掺气坎后空腔底板压力分布及沿程掺气浓度等参数。

2.2.4 丰满溢流坝

丰满水电站位于第二松花江上,始建于20世纪30年代,是中国第一座大型水电工程,最大坝高91.7m,溢流段11孔总长194m,正常蓄水位263.5m,对应库容82.5亿m³。为了给溢流坝面水流造成底层自然掺气的条件,在第九溢流

41

坝段高程 225.2m 处设一道掺气挑坎,并设置了相应的通气管道。掺气挑坎为直角三角形,高 20cm,坎坡为 1:5,水平长度 7.2m,相当于半个溢流孔的宽度,与水流成直角方向,这样布置可利用一孔过流机会,同时观测到掺气与不掺气水流的资料。通气管道紧接挑流掺气坎一侧,设置在左导流壁上,断面为矩形,宽 0.3m,深 0.5m 长 1.8m,在通气管道的上端,渐变成两根直径为 62cm 的圆管,通气管进口设圆形喇叭口。丰满溢流坝及其掺气设施布置见图 2-8。

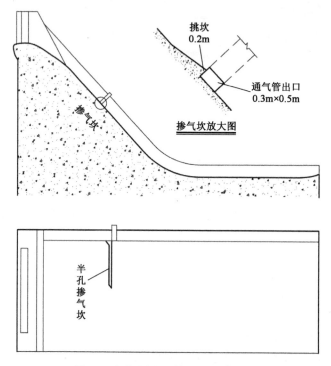

图 2-8　丰满溢流坝及其掺气设施布置图

　　为研究水流底层掺气减蚀的效果,为白山等高坝泄水建筑物提供安全可靠的减蚀措施,于 1980 年 9 月 15 日到 22 日对溢流坝半孔掺气挑坎进行了原型观测。管侧水位 259.47m,闸门最大开度分别为 4m 和 6m,相应单孔泄量为 310m³/s 和 384m³/s。主要测量了掺气坎后空腔底板上的压力分布、通气管的进气量及沿程掺气浓度等参数。

2.2.5　白山溢流高孔

　　白山水电站是开发第二松花江水电资源的大型骨干工程,挡水坝坝型为三心圆混凝土重力拱坝,最大坝高 149.5m,挡水坝中部间隔布置 4 个开敞式溢流高孔和 3 个泄洪中孔。溢流高孔堰头为 WES 曲线,下接斜坡为 $1:0.5$ 的直线段,然后与 $y^2 = 25x$ 曲线相接,后接半径 $R = 20\text{m}$ 圆弧连接至鼻坎末端。溢流高孔在设计水位时单宽泄量 $135.8\text{m}^3/(\text{s}\cdot\text{m})$、最大流速约为 44m/s,计算最小空穴指数 0.16,易发生空蚀破坏。在溢流面上设置掺气跌坎,跌坎高度 1.66m,坎下两侧边墙各设置一个直径为 1.2m 的通气管。白山溢流高孔的体型设计以溢流面坡度陡、跌坎尺寸大而独具特点,缺少借鉴资料和实践经验,因此进行了系列的模型试验和原型观测。溢流堰单孔净宽 12m,沿两侧边墙直线扩散至鼻坎末端,观测坝段的宽度为 18m。白山溢流高孔及其掺气设施布置见图 2-9。

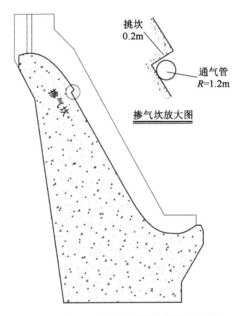

图 2-9 白山溢流高孔及其掺气设施布置图

1986 年 9 月,由于施工期度汛需要溢流高孔强迫泄洪,对其开展了掺气减蚀原型观测,在流量从 $306\text{m}^3/\text{s} \sim 842\text{m}^3/\text{s}$ 范围内变化时,主要测量了掺气坎后空腔底板上的压力分布、通气管的进气量及沿程掺气浓度等参数。

2.2.6 糯扎渡溢洪道

糯扎渡水电站是澜沧江中下游梯级规划二库八级电站的第五级,坝体为心墙堆石坝,最大坝高 261.50m,坝高位列世界同类坝型第三;溢洪道泄洪功率位于世界第一。泄洪建筑物主要由左岸开敞式溢洪道、左右岸泄洪隧洞组成。

开敞式溢洪道布置于左岸平台靠岸边侧部位,溢洪道水平总长 1445m,宽 151.5m。进口共设 8 个 $15\text{m} \times 20\text{m}$(宽×高)表孔,每孔均设检修门和弧形工作闸门,溢流堰堰高 17m,泄槽中间由两道隔墙将其分成 3 个泄水区,即左、中、右三槽,其中左右槽各三孔,中槽两孔。为避免空蚀破坏,沿泄槽共布置了 5 道挑跌式掺气设施,其中 1 号掺气坎跌坎高度 3.5m,其余掺气坎跌坎高度 4.0m,1 号 ~ 5 号掺气坎挑坎高度分别为 0.3m、0.8m、0.6m、0.6m、0.5m。每道掺气坎两侧各对称设置一矩形通气管,1 号掺气坎通气管出口尺寸为 4.0m × 3.46m,其余掺气坎通气管出口尺寸为 4.0m × 3.0m。糯扎渡溢洪道及其掺气设施布置见图 2-10。

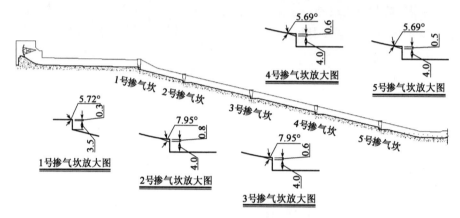

图 2-10 糯扎渡溢洪道及其掺气设施布置图(尺寸单位:m)

2014 年 9 月 13 日进行了溢洪道工作闸门组合工况局开、全开方式下的水力学及闸门原型观测试验,在流量从 1212 ~ 4503m³/s 范围内变化时,主要测量了隧洞进出口风量、掺气坎后空腔底板上的压力分布、通气管的进气量及沿程掺气浓度等参数。

2.2.7 小湾泄洪洞

小湾水电站位于云南省西部南涧县与凤庆县交界的澜沧江中游河段,混凝土双曲拱坝坝高 292m,总库容 149.14 × 10⁸m³。泄水建筑物由坝身 5 个开敞式泄洪表孔、6 个泄洪中孔、2 个放空底孔、左岸 1 条泄洪洞、坝后水垫塘及二道坝等部分共同组成联合泄洪消能系统。

左岸泄洪洞洞身为有压变无压龙抬头式布置,洞身全长 1600m。有压段为直径 16.5m 的圆形洞段,无压段洞身断面为圆拱直墙式,断面尺寸 14m × 16m ~ 24.8m(长 × 宽 × 高)。龙抬头段后接直槽斜坡段,底坡为 0.1056。校核水位时最大泄量 3811m³/s,最大泄洪水头约 212m,最大流速达 47.0m/s。泄洪洞沿程共设置了 7 道掺气坎,其中 1 号掺气坎采用挑坎 + 跌坎形式,布置在龙抬头段,主要保护反弧段、保护距离为 78m;2 号 ~ 7 号掺气坎采用跌坎式形式,布置在直槽斜坡段、保护距离为 150～212m,每道掺气坎两侧各设置一个 2.5m×1.5m 的矩形通气管。掺气坎的详细尺寸见表3-5,小湾泄洪洞及其掺气设施布置见图2-11。

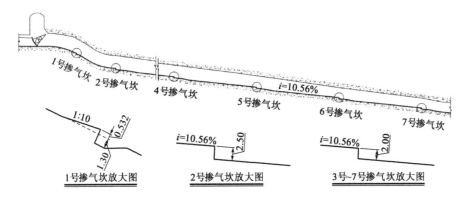

图 2-11　小湾泄洪洞及其掺气设施布置图(尺寸单位:m)

2014 年 8 月开展了原型观测,试验时上游水位固定、通过调节闸门开度获得不同的来流,在流量从 784～3540m³/s 范围内变化时,主要测量了通气管进气量、掺气坎后空腔底板压力分布及沿程掺气浓度等参数。

2.2.8　鲁布革泄水建筑物

鲁布革水电站位于南盘江支流黄泥河上,土心墙堆石坝坝高 103.8m,为引水式水电站。泄水建筑物由左岸开敞式溢洪道和左、右岸泄洪隧洞组成。

左岸溢洪道由引渠、驼峰堰、泄槽和折板式挑流鼻坎组成,最大泄量 6424m³/s。驼峰堰后泄槽分为两槽、每槽净宽 13m。陡槽段底坡为 0.33,反弧段半径 $R=70$m。沿程布置了两道掺气坎。上掺气坎,挑坎高 0.8m、坡比 1:5,跌坎高 0.8m,两侧边墙内分别布置 0.65m×1.95m、0.5m×2m 矩形通气管;下掺气坎,挑坎高 0.4m,坡比 1:5,跌坎高 0.8m,两侧边墙内分别布置 0.56m×1.70m、0.5m×2m 矩形通气管。

左岸泄洪洞由施工导流洞改建而成,明流段由龙抬头段和小底坡平洞段组成,最大泄量 1995m³/s。左岸泄洪洞具有水头高、泄量大和经常运用等特点,斜井反弧段由渥奇曲线 $X^2=300y$ 斜直线 1:2.372 和 $R=70$m 的圆弧曲线三部分组成,为减免空蚀在龙抬头段布置两道掺气坎。上掺气坎,挑坎高度 0.8m、坡比 1:8,两侧边墙内对称布置 0.8m×2.5m 矩形通气管;下掺气坎,挑坎高度0.6m、坡比 1:8,两侧边墙内对称布置 0.6m×2.0m 矩形通气管。

鲁布革水电站泄水建筑物及其掺气设施布置如图 2-12 所示。

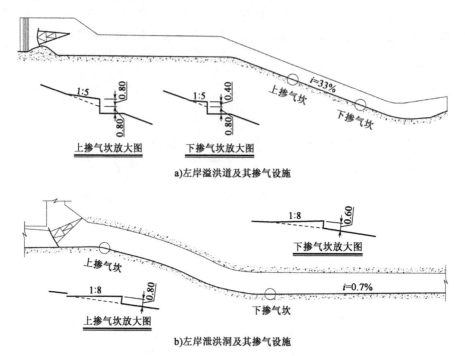

a)左岸溢洪道及其掺气设施

b)左岸泄洪洞及其掺气设施

图 2-12   鲁布革泄水建筑物及其掺气设施布置图(尺寸单位:m)

1992 年对其左岸溢洪道及左岸泄洪洞开展了原型观测,在流量从 240 ~ 1562m³/s 范围内变化时,主要测量了通气管进气量、掺气坎后空腔底板压力分布及沿程掺气浓度等参数。

2.2.9   锦屏一级泄洪洞

锦屏一级水电站位于四川省凉山彝族自治州盐源县和木里县境内的雅砻江干流上,是雅砻江干流下游河段的控制性水库梯级电站,混凝土双曲拱坝坝高 305m,是目前世界上已建成的最高大坝。设计洪水 13600m³/s,校核洪水 15400m³/s。总库容 77.6 亿 m³,调节库容 49.1 亿 m³。电站装机容量 360 万 kW,多年平均年发电量 166.2 亿 kW·h。电站的主要任务是发电,兼具防洪和拦沙作用。主要泄水建筑物包括坝身 4 孔泄流表孔、5 孔导流底孔、2 孔放空底孔和右岸一条泄洪洞。锦屏一级水电站的工程布置如图 2-13 所示。

泄洪洞布置在右岸,为适应地形地质条件并与枢纽布置相协调,采用有压隧洞转弯后接无压隧洞、洞内龙落尾的布置形式,总长约 1407m。泄洪洞上下游水位差最大 220m,设计工况泄量 3651m³/s,校核工况泄量 3780m³/s,洞内最大流速可达 50m/s。为减小高流速范围,75% 左右的总水头差集中在占全洞长度

25%的尾部。水流经过工作闸室由有压满流变为无压明流,明流洞段由上平段、龙落尾段、下平段组成,断面形式为宽×高 = 13m × 17m 的圆拱直墙型。无压洞上平段,纵坡 $i = 2.3\%$。龙落尾段分为渥奇曲线段、斜坡段及反弧段,渥奇曲线段方程为 $Z = X^2/400 + 0.023X$,斜坡段坡脚为 24.36°,反弧段半径 $R = 300$m、后接底坡为 $i = 8.43\%$ 的直坡段。泄洪洞无压洞段布置如图 2-14 所示。

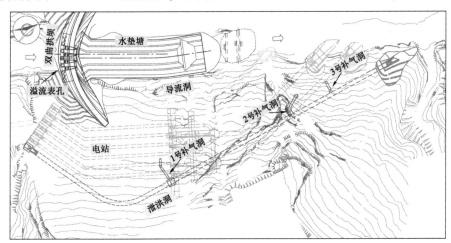

图 2-13　锦屏一级水电站工程布置图

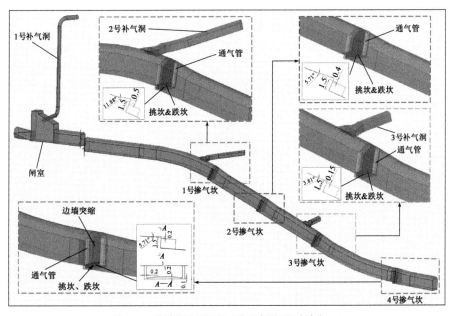

图 2-14　泄洪洞无压洞段三维示意图(尺寸单位:m)

龙落尾段坡度陡、流速高,为防止高速水流引起过流面的空蚀破坏,经模型试验比选设置了四道掺气设施,其中 1 号～3 号为挑坎和跌坎组合型掺气,跌坎高度 1.5m,挑坎高度分别为 0.5m、0.4m、0.2m;4 号为侧墙突缩与底板(中间高,两边低)联合的三维掺气形式。四道掺气设施的保护长度分别为 81.0m、87.8m、128.6m 和 115.6m。每道掺气设施后两侧对称布置通气管,其进口与泄洪洞的洞顶相通。泄洪洞是在山体内部开挖,龙落尾段虽为无压流,但洞体仍然是一个相对封闭的系统。为满足洞顶余幅及掺气设施的补气要求,在工作闸门室、龙落尾渥奇曲线段和斜坡段分别布置了三个补气洞。1 号补气洞采用上、下平洞加竖井的形式,洞身断面采用 $R = 2.6m$ 的圆形断面;2 号补气洞采用斜坡形式、坡度为 13.378%,断面形式由进口 6m × 6m 的城门洞形渐变至出口 9m × 4m 的方形断面;3 号补气洞采用斜坡形式、坡度为 10%,断面形式由进口 6m × 6m 的城门洞形渐变至出口 9m × 4m 的方形断面。补气洞和工作闸室交通洞是通风系统的进口,除水流内部掺气外、泄洪洞出口洞顶余幅是气体的唯一出口。掺气设施及补气洞的布置详见图 2-14。

锦屏一级水电站库区于 2014 年 8 月 24 日蓄水至正常蓄水位 1880m,至此锦屏一级水电站进入正常运行阶段。为检验掺气减蚀设施和通风补气系统的实际运行效果,分别于 2014 年 10 月和 2015 年 9 月进行了原型观测,试验时上游水位固定,通过调节泄洪洞工作闸门开度来获得不同的泄洪流量。为综合评价泄洪洞内掺气减蚀系统的运行效果,测量参数分为两类,与供气系统通风效果相关的通风参数和与掺气设施掺气效果相关的掺气参数。通风参数包括补气洞内的平均风速和脉动风速,以及由空气振动引起的噪声;掺气参数包括通气管风速、空腔负压、泄槽底板上的掺气浓度、混凝土壁面的空蚀破坏深度和水流的空化噪声。

第3章　掺气设施原观水力特性分布规律

掺气现象是复杂的水气两相流问题,由于各工程泄水建筑物的体型、设计水头及掺气坎槽形式不同,每个工程都有自己的独特性,观测成果不能被直接引用。基于对众多泄水建筑物原型观测资料的汇总与整理,本章对掺气设施的典型水力特性指标进行了研究,分析了掺气坎后空腔负压、通气管风速及进气量、掺气设施保护长度等各项水力指标分布的一般性规律。

3.1　空腔负压

水流经过掺气设施,形成抛射水舌,在水舌下方形成空腔,水舌挟带空腔中的空气,使得空腔内压力低于大气压,由于压差作用,空气由通气管进入,在空腔内形成动态平衡。空腔负压是气体进入通气管道的驱动力。

原型观测中,掺气坎后的空腔负压一般采用脉动压力传感器测量。

3.1.1　空腔负压的频谱特征

空腔负压测点的时程线符合一般水力规律,为稳态随机信号;概率密度曲线接近正态分布,偏态系数趋近于 0、峰度系数接近于 3;脉动压力的主频(优势频率)一般均小于 10Hz,脉动能量集中在低频区域。

典型掺气设施后空腔负压的时程线及功率谱密度曲线如图 3-1 所示。

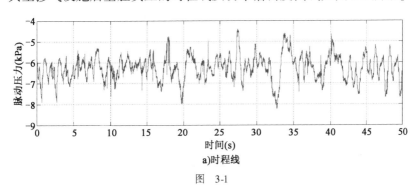

图　3-1

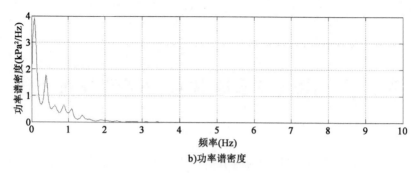

b)功率谱密度

图 3-1　典型空腔负压时程线及功率谱密度曲线

原型各种测试工况下，Glen Canyon 溢洪洞掺气坎的空腔负压主频均小于 5Hz；冯家山溢洪洞上掺气坎的空腔负压主频在 10Hz 左右，下掺气坎的空腔负压主频分布在 5～10Hz 范围内；糯扎渡工程中，溢洪道掺气坎的空腔负压主频小于 2Hz，左岸和右岸泄洪洞掺气坎的空腔负压主频均小于 1Hz；小湾泄洪洞各级掺气坎的空腔负压主频均小于 2Hz；锦屏一级泄洪洞 2 号和 4 号掺气坎的空腔负压主频分别集中在 0.1～1.0Hz、0.1～1.5Hz。

3.1.2　空腔负压的分布规律

1) 横向分布规律

根据对 Foz do Areia、Alicura、乌江渡、石头河等工程掺气原观资料的研究，当掺气设施两侧通气管对称进气时，掺气坎后空腔底板压力一般沿横向对称分布，中间压力最小，两边靠近侧墙空气进口处的负压最大。

来流流量越大，沿截面横向分布的各点空腔负压值也越大。典型工程掺气坎后空腔负压的横向分布如图 3-2 所示。

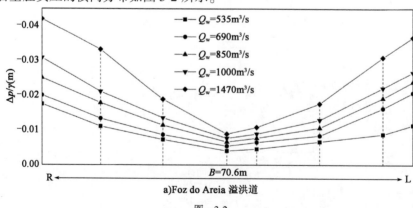

a)Foz do Areia 溢洪道

图　3-2

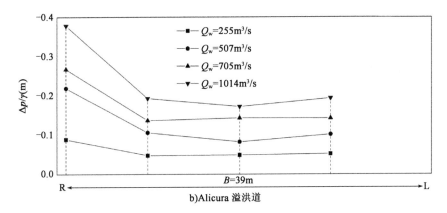

b)Alicura 溢洪道

图 3-2 典型工程掺气坎后空腔负压横向分布

2)与来流量的关系

典型工程掺气坎后空腔负压与来流量的关系如图 3-3 所示。在水流流量逐渐增大的过程中,空腔负压一般先是随着来流量的增加而增大,但增长的趋势逐渐变缓,当来流量增大到一定值以后,空腔负压可能会出现极值,然后随着来流量的增大而减小。当掺气坎两侧的通气管仅单侧开启时,空腔负压显著增大。

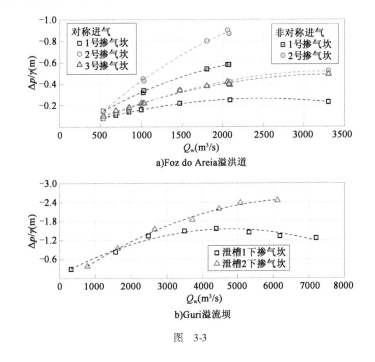

a)Foz do Areia溢洪道

b)Guri溢流坝

图 3-3

51

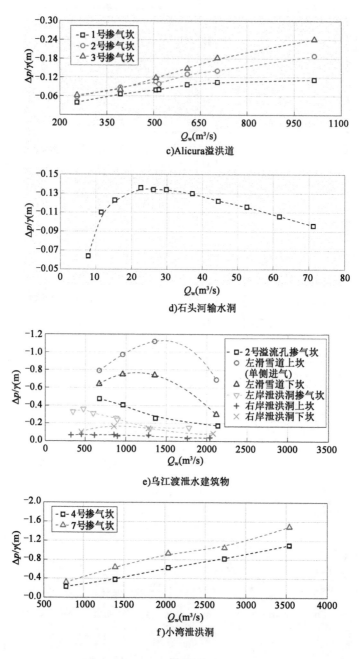

c)Alicura溢洪道

d)石头河输水洞

e)乌江渡泄水建筑物

f)小湾泄洪洞

图 3-3

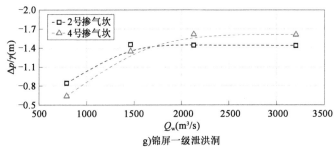

g)锦屏一级泄洪洞

图3-3　典型工程掺气坎后空腔负压与来流量的关系

空腔负压的变化与来流流态有很大关系。当来流量较小时,水流整体紊动程度相对较高,随着水深的增加,水流整体的紊动程度逐渐减弱,射流水舌带走空气的能力也会随之降低。根据对冯家山、乌江渡、石头河、鲁布革等工程的掺气原观资料的研究,当来流量较小时,空腔内水流没有反向漩滚、为自由空腔,空腔负压随着流量的增大而增大;当流量继续增加至一定值,水流紊动程度降低,空腔内水流有时会形成反向漩滚,空腔负压随着来流量的增大而减小。

3)空腔负压指数

用坎前来流水深将坎后空腔负压无量纲化,定义为空腔负压指数 P_N,其表示形式为:

$$P_N = \frac{\Delta p}{\gamma h_0} = \frac{\Delta p}{\rho_w g h_0} \quad (3-1)$$

式中, ρ_w 为水的密度。空腔负压指数反映了空腔负压和来流参数的相对关系,其大小与来流水力特性和掺气设施几何尺寸相关。

基于对原观资料的整理,典型工程原观实测空腔负压指数与单宽来流量的关系如图3-4所示。可以看出,空腔负压指数先随着单宽流量的增加而增大,当增大到极值点后再随着单宽流量的增加而下降。在统计范围内,当单宽流量大于30m³/(s·m)的时候,空腔负压指数基本都随着单宽流量的增加而减小,这表明随着来流量的增加、空腔负压水头的增加幅度小于来流水深的增幅。相同来流情况下,通气管单侧开启的空腔负压指数明显大于通气管对称开启的情况,由于仅改变通气管开启情况,射流水舌底缘的紊动程度并没有变化,要满足水流挟气要求,空腔负压变大。

空腔负压的大小对通气管的进气能力和气泡在水体中的输移有重要作用。当前,对于空腔负压的预测仍然主要依靠模型试验,但传统的重力模型在空腔负压模拟方面存在缩尺效应。结合参考文献115的拟合方法,根据 Foz do Areia、冯家山、石头河、乌江渡和锦屏一级的原观数据可以得到一个计算空腔负压指数的经验公式,公式形式如下:

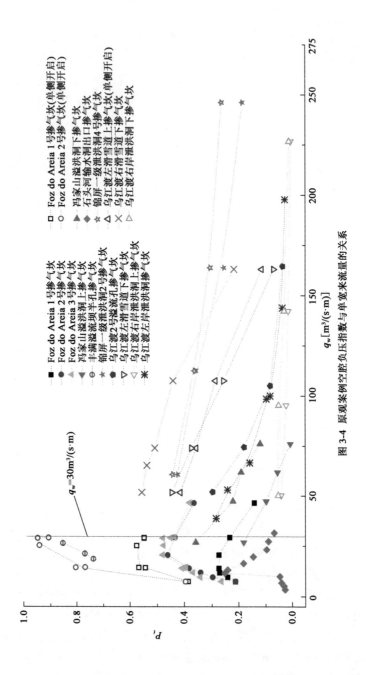

图 3-4 原观案例空腔负压指数与单宽来流量的关系

$$P_{N} = 2.55 \times 10^{-8} Fr_0{}^{3.0128} \left(\frac{A}{A_w} \right)^{-1.5046} \beta^{0.9473} \qquad (3\text{-}2)$$

式中,Fr_0 为坎前来流弗劳德数;A_w 为坎前过流面积;β 为气水比。

将公式(3-2)的计算结果与原型空腔负压指数对比,如图 3-5 所示。可以看出,除锦屏一级泄洪洞外,其余泄水建筑物掺气坎空腔负压指数的计算值与原观值都比较接近,计算值大致在原观值 ± 0.1 的包络线范围内,说明拟合公式具有一定的精度。拟合公式的精度取决于数据样本的大小,由于大掺气坎尺寸的原观数据相对较少,所以锦屏一级泄洪洞的数据偏差较大。

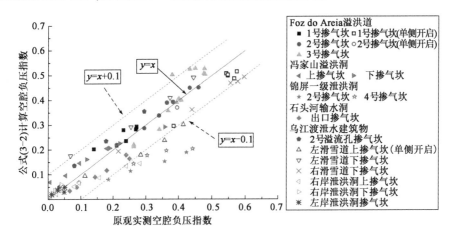

图 3-5　空腔负压指数计算值与原观值对比

3.2　掺气量

掺气量,是衡量掺气设施效率的重要参数。若掺气量不足,则减免空蚀的效果比较差,若掺气量过多,使得水流含气饱和,并因水翅的扩展引起边墙加高,则会造成不良流态。

原型观测中,一般通过测量通气管风速获得,掺气坎的掺气量等于其两侧通气管供气量之和。

3.2.1　通气管风速

汇总泄水建筑物掺气设施通气管风速资料,将实测通气管内的最大平均风速和掺气设施后的最大空腔负压列于表 3-1。在各工程的测试工况范围内,同一掺气设施的最大空腔负压和最大通气管风速基本都出现在相同的来流条件(来流条件用单宽流量表示),较大的空腔负压通常对应较大的通气管风速。

原观实测最大空腔负压和最大通气管平均风速 表 3-1

项目名称	掺气设施	通气管进气	单宽流量 q_w [m³/(s·m)]	空腔负压 $\Delta p/\gamma$(m)	通气管风速 V_a(m/s)
Amaluza	溢洪道掺气坎	对称	18.43	—	52.68
McPhee	溢洪道掺气坎	对称	7.89	—	63.00
Glen Canyon	溢洪洞掺气坎	对称	30.64	—	75.38
Colbun	溢洪道上掺气坎	对称	22.67	—	49.48
	溢洪道下掺气坎	对称	25.19	—	52.19
Guri	泄槽1下掺气坎	对称	110.83	−1.57	71.56
	泄槽2下掺气坎	对称	72.80	−2.45	67.84
Emborcacao	溢洪道上掺气坎	对称	48.27	—	64.38
	溢洪道下掺气坎	对称	48.27	—	73.48
Alicura	溢洪道1号掺气坎	对称	25.99	−0.11	59.49
	溢洪道2号掺气坎	对称	25.99	−0.19	88.69
	溢洪道3号掺气坎	对称	25.99	−0.24	99.71
Foz do Areia	溢洪道1号掺气坎	对称	29.60	−0.25	50.83
		非对称	29.18	−0.58	60.69
	溢洪道2号掺气坎	对称	46.74	−0.52	65.35
		非对称	29.18	−0.90	68.69
	溢洪道3号掺气坎	对称	46.74	−0.49	64.72
丰满	溢流坝半孔掺气坎	非对称	26.67	−0.92	54.10
白山	溢流坝掺气坎	对称	70.17	—	86.40
石头河	输水洞跌坎	对称	27.00	−0.14	24.64
羊毛湾	泄洪洞掺气坎	对称	—		—
二滩	泄洪洞洞身掺气坎	对称	141.73		25.31
小浪底	泄洪洞孔板掺气坎	对称	88.83		45.10
东风[162]	溢洪道掺气挑坎	对称	128.40		116.30
三峡	泄洪深孔跌坎	对称	298.86		53.00
冯家山	溢洪洞上掺气坎	对称	27.08	−0.19	43.35
	溢洪洞下掺气坎	对称	61.94	−0.42	64.25

续上表

项目名称	掺气设施	通气管进气	单宽流量 q_w [m³/(s·m)]	空腔负压 $\Delta p/\gamma$(m)	通气管风速 V_a(m/s)
东江	滑雪道下掺气坎	对称	94.87	—	89.46
	深孔放空洞掺气坎	对称	149.78	—	83.70
小湾	泄洪洞 1 号掺气坎	对称	145.93	−0.91	—
	泄洪洞 4 号掺气坎	对称	195.64	−1.50	54.80
	泄洪洞 7 号掺气坎	对称	252.86	−2.03	58.53
锦屏一级	泄洪洞 2 号掺气坎	对称	246.14	−1.45	86.09
	泄洪洞 4 号掺气坎	对称	246.14	−1.61	79.66
鲁布革	左岸溢洪道上掺气坎	对称	120.19	−0.71	74.50
	左岸溢洪道下掺气坎	对称	128.00	—	128.00
	左岸泄洪洞上掺气坎	对称	76.56	−0.24	46.46
	左岸泄洪洞下掺气坎	对称	28.40	−0.29	98.48
糯扎渡	溢洪道 1 号掺气坎	对称	29.72	−0.04	58.13
	溢洪道 3 号掺气坎	对称	32.34	—	53.78
	溢洪道 5 号掺气坎	对称	32.03	−1.44	80.81
	左岸泄洪洞 3 号掺气坎	对称	90.00	−2.85	86.15
	右岸泄洪洞 3 号掺气坎	对称	67.83	−1.72	80.70
乌江渡	左滑雪道上掺气坎	非对称	107.50	−1.12	71.62
	左滑雪道下掺气坎	对称	107.50	−0.75	68.20
	右滑雪道下掺气坎	对称	104.30	−1.24	75.58
	2 号溢流孔掺气坎	对称	52.15	−0.48	61.76
	左岸泄洪洞掺气坎	对称	53.11	−0.37	31.52
	右岸泄洪洞上掺气坎	对称	95.33	−0.07	29.35
	右岸泄洪洞下掺气坎	对称	95.33	−0.17	40.97

　　我国规范规定[52],为保证设计通气管取得比较满意的结果,通气管的安全风速宜小于60m/s;空腔压力以保证空腔顺利进气为原则,可在 −2 ~ −14kPa(对应的水头为 −0.20 ~ −1.43m)之间选取。根据表3-1,实测通气管最大风速

在 24～130m/s 范围内,实测空腔负压在 -0.07～ -2.85m 范围内,相当一部分风速值和负压值超出了规范的建议区间。Alicura 溢洪道掺气坎、东风溢洪道掺气坎、鲁布革左岸溢洪道和左岸泄洪洞掺气坎的通气管最大平均风速都接近或超过了 100m/s,最大可达 128m/s。另外,对于测试过程中出现的通气管瞬时风速,白山溢流坝掺气坎达 108m/s,羊毛湾泄洪洞掺气坎达 130m/s,冯家山溢洪洞下掺气坎达 120m/s,糯扎渡右岸泄洪洞 3 号掺气坎达 122m/s。

通气管风速过大,通常会带来一些不利影响。从理论上分析,通气管风速过大,除了会产生较大的噪声外,空腔内的吸力也会很大,将会使水舌失去自由射流状态、缩短有效空腔长度,增大作用在边壁上的脉动和冲击荷载,相应的通气管的进气量也会减小,从而降低掺气设施的减蚀效果,甚至可能会给工程安全造成威胁。但是,在各工程的运行过程中,除现场噪声过大外,并未发现其他明显的异常现象。实际中,随着泄水建筑物设计及施工水平的提高,较大的通气管风速并非肯定会导致通气管的破坏或引起泄槽内的不利流态。但考虑到工程的安全性,相应的控制指标也不宜过大。

不同掺气设施之间,空腔负压和通气管风速之间没有明确的对应关系,空腔负压在 -2～ -14kPa 范围内、通气管安全风速小于 60m/s,这两项指标并非是完全对应的,其相关关系由掺气设施的具体工程布置决定。

3.2.2 掺气量的分布规律

1)掺气量

汇总国内外原观案例掺气设施的单宽掺气量随单宽来流量的分布如图 3-6 所示。在水流流量逐渐增大的过程中,掺气量一般先是随着来流量的增加而增大,但增长的趋势逐渐变缓,当来流量增大到一定值以后,掺气设施掺气量或逐渐趋于平稳,或在出现极值后逐渐减小。当掺气坎两侧的通气管仅单侧开启时,虽然空腔负压较大,但由于通气面积减半,进气量相对较小。

对于同一掺气设施,掺气量与空腔负压随来流量的变化趋势基本一致,抛射水舌下空腔内负压越大,通气管的进气能力越强。但不同掺气设施之间的空腔负压与掺气量的分布不能比较。例如对于乌江渡工程,右岸泄洪洞下掺气坎的空腔负压很小、低于 -0.2m,但其掺气量却是几个泄水建筑物中最大的。对于同一泄水建筑物的掺气设施,掺气量由空腔负压决定,但对于不同泄水建筑物,掺气量不仅与空腔负压有关,还与泄槽坡角、掺气设施体型和通气管的体型及尺寸等密切相关。掺气量的变化是由泄槽尺寸和掺气设施体型及来流条件等因素综合决定的。

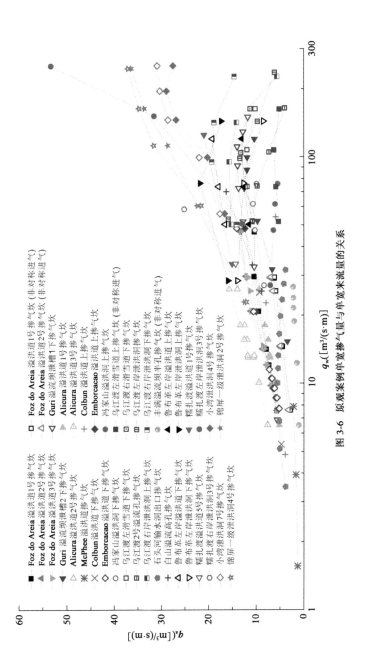

图 3-6　原观案例单宽掺气量与单宽米流量的关系

随着高坝建设的迅速发展和筑坝水平的提高,泄水建筑物的泄洪功率越来越大,糯扎渡泄洪洞、小湾泄洪洞、锦屏一级泄洪洞的最大单宽流量已接近或超过250m³/(s·m)、最大泄流速度接近50m/s,高速水流带来的空化空蚀问题非常突出。为了满足超高流速下的水流掺气要求,这些泄水建筑物内部都布置了多道掺气设施,且掺气坎尺寸相对较大。鲁布革左岸溢洪道掺气设施的单宽掺气量最大达19.3m³/(s·m),小湾泄洪洞掺气设施的单宽掺气量最大达31m³/(s·m),锦屏一级泄洪洞掺气设施的单宽掺气量最大达37.2m³/(s·m),糯扎渡泄水建筑物各掺气设施的最大单宽掺气量都超过了21m³/(s·m)、最大可达53m³/(s·m),这些都超过了规范推荐的最大单宽掺气量适宜范围12~15m³/(s·m)[52]。

2)掺气比

单宽掺气量随单宽来流量或一直增大或先增大后减小,没有较为统一的趋势。鉴于此,用水流流量将掺气量无量纲化,定义为掺气比 β,其表示形式为:

$$\beta = \frac{Q_a}{Q_w} = \frac{q_a}{q_w} \tag{3-3}$$

原观实测掺气设施的掺气比与单宽来流量的关系如图3-7所示。整体上,掺气设施的掺气比与单宽来流量呈反比关系,掺气比随着单宽来流量的增大而减小,而且对于不同工程的掺气设施都呈现这种变化规律。但是由于各掺气减蚀设施的布置、体型及其运用情况不同,所以形成了 β-q_w 一簇曲线。掺气比不仅与掺气设施的体型有关,还受来流流态的影响,而其中水流的紊动程度与水流的弗劳德数、雷诺数及壁面粗糙度等都密切相关,所以 β-q_w 曲线是非线性的,从图中可以看出,所有的曲线大致服从对数分布。开始时,随着单宽来流量的增加、掺气比下降较快,然后随着来流量的增大,其下降趋势逐渐变缓。

对于糯扎渡泄洪洞、小湾泄洪洞、锦屏一级泄洪洞,与其来流条件及相应的掺气设施布置相对应,在单宽来流量相同时,这些泄水建筑物掺气设施的掺气比要高于其他工程。

图3-7汇总的掺气比分布规律来源于工程实际,可作为其他类似工程设计的参考。

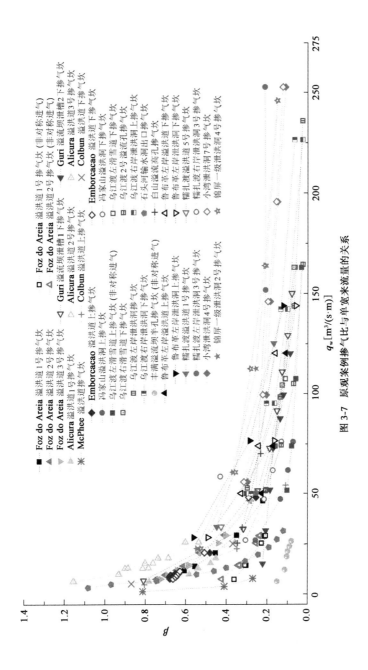

图 3-7　原观案例掺气比与单宽来流量的关系

3.3 掺气设施保护长度

掺气设施的保护长度取决于掺气设施的形式和尺寸、近壁底的掺气浓度衰减率及临界免空蚀掺气浓度值。这些因素又与泄槽底坡的底部曲率及水流条件、混凝土强度、施工质量以及不平整度处理标准有关,比较复杂。

掺气坎保护范围末端测点的掺气浓度,可以用来判定两道掺气坎的间距是否合理。泄槽底部的掺气浓度沿着水流方向逐渐减小,当其衰减至最低免蚀掺气浓度以下时,则需要设置一道新的掺气坎。

3.3.1 掺气设施间距

汇总部分典型工程中泄水建筑物的掺气设施布置情况,列于表 3-2。由于掺气设施的设置,各工程泄洪后现场勘查都没有发现很明显的空蚀破坏,这些成功的掺气设施布置经验,可供类似工程设计参考。

典型工程泄水建筑物掺气设施间距　　　　表 3-2

泄水建筑物	掺气设施				
	$\alpha(°)$	数量	间距(水平方向)(m)		
			$L_{0\text{-}1}^{①}$	$\Delta L^{②}$	$L_n^{③}$
Alicura 溢洪道	19.29	4	126.0	63-63-63	85.7
Bratsk 溢流坝	51.30	2	35.0	41.4(54.7)	—
Colbun 溢洪道	27.10	2	165.0	—	—
Calacuccia 溢洪道	4.20	5	—	10-10-10-10	—
Emborcacao 溢洪道	10.20	2	—	103	65
Foz do Areia 溢洪道	14.49	3	146.0	72-90	94.8
Guri 溢流坝	51.30	2	30.0	93(103)	27(17)
Karakaya 溢流坝	59.70	2		65	
Laiban 溢洪道	20.30/1.70	4	180.0	40-64-56	—
Nurek 溢洪道	—	8		10-12-14-15-15-15-15	
Tarbela 泄洪洞	0	3	—	90-110	—
Toktogul 溢流坝	54.50	2	60.0	105	
San Roque 溢洪道	14.00	7	165.0	50-50-50-50-50-50	—
Piedra del Aguila 溢洪道	2.90/15.00	4	58.0	68-68-40	

续上表

泄水建筑物	掺气设施				
	$\alpha(°)$	数量	间距(水平方向)(m)		
			L_{0-1} [1]	ΔL [2]	L_n [3]
冯家山溢洪洞	26.56/0.13	2	83.8	48.7	长平洞
石头河泄洪洞	21.80/0.57	2	81.2	40.5	长平洞
丰满溢流坝	52.00	1	19.9	无	91.1
白山溢流高孔	63.40	1	27.0	无	75
乌江渡左右岸滑雪道	54.14/19.26	2	44.7	53.1	77.2
乌江渡2号溢流孔	55.02	1	59.6	无	63
乌江渡左岸泄洪洞	33.69	1	105.5	无	78
乌江渡右岸泄洪洞	19.20/2.70	2	96.7	213	长平洞
东江滑雪道	43.85/32.73	2	41.0	59.44	47.1
东江右岸深孔放空洞	0	1	—	无	平洞接泄槽
鲁布革左岸溢洪道	18.26	2	53.5	55	94.5
鲁布革左岸泄洪洞	7.09/0.22	2	20.0	94.2	长平洞
糯扎渡溢洪道	0.76/12.95	5	175.1	91.5-131.4-123.4-126	157
小湾左岸泄洪洞	23.69/2.41/6.03	7	58.9	78-150-150-160-160-160	212
锦屏一级泄洪洞	24.36/4.57	4	75.5	73.8-80-122	102

注:①L_{0-1},指的是第一道掺气设施的位置,在溢洪道中,为距离溢流堰顶端的水平距离;在泄洪洞中,为距离闸室出口或者闸室出口平洞段末端的距离。

②ΔL,指的是掺气设施的水平间距。

③L_n,指的是末道掺气设施后的保护范围,一般为距离挑坎末端的水平距离。

一般情况下,长流程、高流速的泄槽需要设置多道掺气设施。Nurek 溢洪道设置了8道掺气设施、间距 10～15m,但后来的现场情况证明布置过密,其中的某些被取消了;San Roque 溢洪道布置了7道掺气设施,间距50m;小湾左岸泄洪洞布置了7道掺气设施,间距78～160m。另外,Alicura 溢洪道、Calacuccia 溢洪道、Laiban 溢洪道、Piedra del Aguila 溢洪道、糯扎渡左岸溢洪道、锦屏一级泄洪洞等都布置了4～5道的掺气设施。

由于掺气设施的保护长度受多种因素影响,不同泄水建筑物的掺气设施的保护长度变化范围较大。在统计到的案例中,掺气设施保护长度最小为10m

（Calacuccia 溢洪道掺气坎），而最大可至 212m（小湾左岸泄洪洞 7 号掺气坎）。Guri 溢流坝泄槽 2 下掺气坎、Tarbela 泄洪洞 2 号掺气坎、鲁布革左岸泄洪洞掺气坎、糯扎渡溢洪道掺气坎、小湾泄洪洞 2 号~7 号掺气坎、锦屏一级泄洪洞 3 号和 4 号掺气坎的保护长度都超过了 100m。结合表 2-1 和表 2-2 列出的泄水建筑物掺气设施具体尺寸，对于同一泄水建筑物，单宽来流量相同时，掺气设施的尺寸越大，其保护长度也越大；掺气设施体型相同时，泄槽坡脚和反弧段曲率越大、来流紊动越剧烈，掺气设施的保护长度越短。

3.3.2　掺气浓度衰减率

掺气浓度衰减率受来流水力条件和泄槽底坡及曲率的影响。一般情况下，直槽段的底坡或反弧段的曲率越大，掺气浓度衰减越快，反弧离心力对水体内部气体的逸出速率有增加作用。掺气浓度沿程非线性衰减，即使是同一直槽坡角或反弧曲率，受来流水力条件的影响，其全程衰减率也不相同。典型泄水建筑物沿泄槽底板的原观掺气浓度衰减率列于表 3-3。

典型泄水建筑物沿泄槽底板的掺气浓度衰减率　　　　表 3-3

泄水建筑物	$q_w[\mathrm{m^3/(s \cdot m)}]$	衰　减　率
Brastsk 溢洪道	—	直槽段坡角 $\alpha = 51.30°$；全程 0.5%/m
Alicura 溢洪道	6.54~26	直槽段 $\alpha = 19.29°$ 1 号、2 号掺气坎之间：0.45%/m 全程：0.26%/m
Foz do Areia 溢洪道	7.58~46.74	直槽坡角 $\alpha = 14.49°$ 1 号、2 号掺气坎之间：0.5%/m 2 号、3 号掺气坎之间：0.8%/m
冯家山溢洪洞	27.08~76.11	上掺气坎后反弧段 $R = 100\mathrm{m}$：0.297%/m 下掺气坎后小底坡直槽段 $\alpha = 0.573°$：0.0704%/m
丰满溢流坝	6.53~26.67	反弧段半径 $R = 30\mathrm{m}$：1.1%/m
乌江渡右岸滑雪道	53.85~163.08	上掺气坎后反弧段 $R = 110\mathrm{m}$：0.011~0.161%/m 下掺气坎后反弧段 $R = 110\mathrm{m}$：0.157~0.215%/m
乌江渡右岸泄洪洞	73.85~163.08	上掺气坎后直槽段 $\alpha = 19.20°$：0.025%/m 上掺气坎后反弧段 $R = 85\mathrm{m}$：0.078%/m
鲁布革左岸溢洪道	50.31~120.15	下掺气坎后反弧段 $R = 70\mathrm{m}$：1.336~1.514%/m

续上表

泄水建筑物	$q_w[m^3/(s\cdot m)]$	衰 减 率
鲁布革左岸泄洪洞	28.35~143.88	上掺气后直槽段 $\alpha=22.86°:0.255~0.891\%/m$ 上掺气坎后反弧段 $R=70m:0.265~0.924\%/m$
	28.35~76.59	下掺气坎后直槽段 $\alpha=0.40°:0.014~0.021\%/m$
小湾泄洪洞	56.00~252.86	1 号掺气坎后反弧段 $R=105m:0.131\%/m$ 4 号掺气坎后直槽段 $\alpha=6.03°:0.149\%/m$ 7 号掺气坎后直槽段 $\alpha=6.03°:0.071~0.089\%/m$
锦屏一级泄洪洞	22.85~246.14	1 号掺气坎后直槽段 $\alpha=24.36°:0.81\%/m~0.94\%/m$ 4 号掺气坎后直槽段 $\alpha=4.57°:0.19~0.23\%/m$

3.3.3　保护范围内最小掺气浓度

临界免空蚀掺气浓度,与来流条件、壁面材料强度、不平整凸体的形式及气泡尺寸有关,至今还没有广泛公认的评估标准。典型泄水建筑物掺气设施保护范围内原型实测的最小掺气浓度列于表 3-4。根据乌江渡右岸滑雪道、鲁布革左岸泄洪洞、小湾泄洪洞和锦屏一级泄洪洞的观测资料,掺气设施保护范围末端的壁面掺气浓度一般均随着单宽来流量的增加而减小。

典型泄水建筑物掺气设施保护范围内实测最小掺气浓度　　表 3-4

泄水建筑物	$q_w[m^3/(s\cdot m)]$	最小掺气浓度
东江滑雪道	—	下掺气坎后:1.5%
冯家山溢洪洞	27.08~76.11	上掺气坎后:9.2%;下掺气坎后:9.3%
糯扎渡左岸泄洪洞	50.58~253.00	突扩突跌后:2.73%;3 号掺气坎后1.43%
糯扎渡右岸泄洪洞	58.75~67.83	突扩突跌后:3.8%;3 号掺气坎后:3.0%
糯扎渡溢洪道	33.67~125.08	1 号掺气坎后:1.7%;4 号掺气坎后:4.0% 5 号掺气坎后:3.1%
乌江渡左岸泄洪洞	53.11~236.11	掺气坎后:1.1%
乌江渡右岸泄洪洞	73.85~163.08	上掺气坎后:1.6%
乌江渡右岸滑雪道	53.85	上掺气坎后:5.7%
	56.62	上掺气坎后:3.7%
	64.62	上掺气坎后:3.2%
	51.69	上掺气坎后:5.0%;下掺气坎后:10.9%
	73.85	上掺气坎后:3.7%;下掺气坎后:6.1%

续上表

泄水建筑物	$q_w[\text{m}^3/(\text{s} \cdot \text{m})]$	最小掺气浓度
乌江渡右岸滑雪道	104.31	上掺气坎后:2.2%;下掺气坎后:5.4%
	163.08	上掺气坎后:1.7%;下掺气坎后:3.9%
鲁布革左岸溢洪道	50.31	上掺气坎后:4.3%;下掺气坎后:3.0%
	74.00	上掺气坎后:5.4%;下掺气坎后:4.4%
	120.15	上掺气坎后:4.1%;下掺气坎后:3.9%
鲁布革左岸泄洪洞	28.35	上掺气坎后:4.7%;下掺气坎后:5.6%
	76.59	上掺气坎后:1.4%;下掺气坎后:3.3%
	143.88	上掺气坎后:0.4%;下掺气坎后:1.4%
小湾泄洪洞	56.00	1号掺气坎后:7.2%;4号掺气坎后:5.8% 7号掺气坎后:2.0%
	145.93	1号掺气坎后:7.4%;4号掺气坎后:2.8% 7号掺气坎后:0.6%
	252.86	1号掺气坎后:3.2%;4号掺气坎后:2.1% 7号掺气坎后:3.1%
锦屏一级泄洪洞	22.85	1号掺气坎后:29.5%;2号掺气坎后:49.5% 3号掺气坎后:12.1%
	60.85	1号掺气坎后:12.4%;2号掺气坎后:28.0% 3号掺气坎后:6.2%
	112.46	1号掺气坎后:2.8%;2号掺气坎后:12.0% 3号掺气坎后:3.9%
	163.85	1号掺气坎后:1.9%;2号掺气坎后:1.8% 3号掺气坎后:3.1%
	246.15	1号掺气坎后:1.5%;2号掺气坎后:0.7% 3号掺气坎后:2.6%

可以看出,在测量范围内,有些掺气设施后实测的最小掺气浓度值比较小,低于3%、最低甚至到了0.4%。根据 Russell 等的研究成果,如此低的掺气浓度可能不能对边壁起到有效的保护作用[124],但各泄水建筑物泄洪结束后的现场勘查结果表明,并没有出现比较明显的空蚀破坏。关于较低掺气浓度值对壁面

的保护机理,可以用 Rasmussen 等学者提出的小泡理论[123]来解释,在强烈紊动的水体中,很多大气泡破碎成更多的小气泡,在多数气泡逸出水面后,虽然水体中留下来的气泡浓度不高,但是气泡的数量依然众多,在一定程度上,也能起到较好的减蚀作用。

3.4　掺气减蚀效果

设置了掺气设施的工程实例,在各泄水建筑物经过长期运行后,基本都没有出现较明显的空蚀破坏,说明掺气设施的布置是成功的。尽管避免空蚀破坏所需的准确临界免蚀掺气浓度值很难确定,但统计结果表明,掺气对于减免边壁空蚀破坏的效果是很明显的。

为探究泄水过程中水流的空化情况,一些工程还专门对水流近壁处的空化噪声情况进行了测量。空化噪声来源于水体中空穴的突然溃灭。以往的研究表明,空化水平及其损伤强度与空化噪声显著相关,空化噪声的测量已经被证明是调查泄水建筑物空化的有效方法[163-164]。糯扎渡各泄水建筑物、小湾泄洪洞和锦屏一级泄洪洞原型中都对空化噪声进行了观测。典型测点的空化噪声幅值谱如图 3-8 所示。可以看出,空化噪声的频域很宽,但幅值范围相对比较集中。

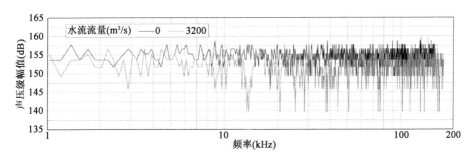

图 3-8　典型测点的空化噪声幅值谱

以闸门关闭时的空化噪声作为背景噪声基准,声压级(SPL)相对背景噪声的增量作为判别空化的标准。糯扎渡各泄水建筑物、小湾泄洪洞和锦屏一级泄洪洞泄洪过程中实测到的空化噪声声压级增量列于表 3-5。若以空化噪声声压级增量为 6~10dB 作为初生空化标准[165],根据实测的声压级增量,泄水建筑物内部某些部位水流发生了空化,但结合现场勘查结果,并没有明显空蚀发生,这说明由于掺气设施的设置,水流掺气比较充分,有效避免了过流面可能发生的空蚀破坏。

典型泄水建筑物实测空化噪声声压级增量 表 3-5

泄水建筑物	部　位	最大声压级增量
糯扎渡左岸泄洪洞	突扩突跌后	21dB
糯扎渡右岸泄洪洞	突扩突跌后	18dB
	1 号掺气坎后	无明显变化
糯扎渡溢洪道	2 号掺气坎前	无明显变化
	3 号掺气坎后	23dB
	5 号掺气坎后	12dB
	挑流鼻坎	12dB
小湾泄洪洞	工作闸门后	12dB
	7 号掺气坎后	11dB
	挑流鼻坎	23dB
锦屏一级泄洪洞	1 号掺气坎前	18dB
	2 号~4 号掺气坎	≤2dB
	4 号掺气坎后	9dB

3.5　本章小结

本章主要对掺气相关的水力参数在原型中的分布特性进行了研究。由于每个工程的独特性,不同掺气设施的原观结果很难直接引用,通过汇总掺气相关的原型资料,对掺气设施的水力特性指标进行了整理和分析,研究了其水力特性指标分布的一般性规律。具体结论如下:

(1)空腔负压是气体进入通气管道的驱动力。原型中采集到的空腔负压一般均为稳态随机信号,脉动主频小于 10Hz,脉动能量集中在低频区域。空腔负压沿底板横向对称分布,中间最小,两侧通气管出口最大。随着来流量的增加,空腔负压增大,但增长趋势逐渐变缓,原型实测负压值在 −0.07 ~ −2.85m 范围内。空腔负压指数反映了空腔负压和来流参数的相对关系,当单宽流量大于 30m^3/(s·m)的时候,空腔负压指数基本都随着单宽流量的增加而减小,拟合原型数据得到的空腔负压指数经验公式(3-2)具有一定的精度。

(2)掺气量是衡量掺气设施好坏的重要指标。原型实测通气管最大风速在 24 ~ 130m/s 范围内,同一掺气设施的最大空腔负压和最大通气管风速基本都出现在相同的来流条件,空腔负压越大,通气管的进气能力越强。掺气量一般随着来流量的增加而增大,但增长趋势逐渐趋于平缓,受来流条件的影响,还可能在出现极值后再逐渐减小。泄洪功率大、流速高的泄水建筑物一般需布置多道掺气设施且掺气坎的尺寸相对较大,原型实测的最大单宽掺气量可达 $53m^3/(s \cdot m)$。单宽掺气量随单宽流量的变化没有较为统一的趋势,但掺气比都随着单宽流量的增加而减小,由于掺气设施的布置、体型及其运用情况不同,形成了 β-q_w 一簇曲线,所有曲线都大致服从对数分布。来流条件相同时,掺气设施尺寸越大,掺气比越大。

(3)相当一部分泄水建筑物原型实测的掺气指标,空腔负压、通气管风速和单宽掺气量都超过了规范的建议区间。虽然实际工程运行中并未发现明显的异常现象,但考虑到工程的安全性,相应的控制指标也不宜过大。

(4)掺气设施的保护长度取决于掺气设施的形式和尺寸、近壁底的掺气浓度衰减率及临界免空蚀掺气浓度值。汇总的部分典型工程泄水建筑物掺气设施的成功布置案例,可为其他工程设计作为参考。在汇总资料范围内,掺气设施的保护长度在 $10 \sim 212m$ 之间。掺气浓度衰减率受来流水力条件和泄槽底坡及曲率的影响,直槽底坡和反弧曲率越大,掺气浓度衰减越快,反弧离心力对水体内部气体的逸出速率有增加作用。临界免空蚀掺气浓度,与来流条件、壁面材料强度、不平整凸体的形式及气泡尺寸有关,有些掺气设施后实测的最小掺气浓度值比较小,低于3%、最低甚至到了0.4%,但现场并没出现明显的空蚀破坏,较低掺气浓度对壁面的保护机理,可用小泡理论来解释。

(5)掺气设施的设置,有效避免了水流空化可能造成的空蚀破坏。尽管避免空蚀破坏所需的准确临界免蚀掺气浓度值很难确定,但统计结果表明,掺气对于减蚀的效果是很明显的。

第4章 掺气设施掺气量的计算方法研究

掺气设施掺气量是衡量掺气设施好坏的重要指标。掺气现象复杂,掺气量的影响因素众多,目前关于掺气量的预测,还不能从理论上提出包括诸多影响因素的完整物理公式,根据原型或模型资料综合分析提出的经验公式精度也受限于试验资料的丰富程度。本章基于大量的原观资料,对掺气量理论计算公式经验系数的取值进行了讨论,拟合了经验系数的计算公式;然后分别分析了掺气比与来流弗劳德数和来流单宽流量的关系,提出了两种掺气设施掺气量的预测方法。

4.1 掺气量的影响因素

掺气设施的掺气量与水流流态、渠道几何参数、掺气设施体型、空腔负压、壁面粗糙度、表面张力和水流黏滞力等众多因素相关。典型掺气设施的三维布置及其水流形态如图4-1所示。其中 v_0 为来流断面的平均流速,h_0 为来流断面的平均水深,其余参数意义同图1-6。对于图中的坐标轴系统,x 向为沿着水流运动的方向,y 向为垂直于水流运动的方向,z 向为垂直于泄槽底板的方向。

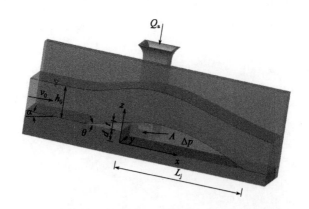

图4-1 典型掺气设施三维布置及其水流形态

对于典型的挑坎加跌坎组合型掺气设施,根据掺气量的影响因素,影响水流通气现象的主要变量有,①来流水力特性:来流断面的水深 h_0、平均流速 v_0;②渠道几何参数:泄槽坡角 α;③掺气设施几何尺寸:挑坎高度 t、挑角 θ、跌坎高度 d;④射流参数:空腔长度 L_j、空腔负压 Δp;⑤流体特性:重力加速度 g、水的动力黏滞系数 μ、水流密度 ρ、水的表面张力系数 σ 等。用这些变量来描述掺气现象,可写成以下形式:

$$f(h_0,v_0,\alpha,t,\theta,d,L_j,\Delta p,g,\mu,\rho,\sigma)=0 \qquad (4\text{-}1)$$

将式(4-1)中的参数无量纲化,可简化为:

$$f\left(Fr,Re,Eu,We,\frac{L_j}{h_0},\frac{t}{h_0},\frac{d}{h_0},\tan\alpha,\tan\theta\right)=0 \qquad (4\text{-}2)$$

式中,$Fr=\dfrac{V}{\sqrt{gh_0}}$,为来流弗劳德数;$Re=\dfrac{\rho v_0 L_j}{\mu}$,为坎上水流的雷诺数,反映水流黏滞力的影响程度;$Eu=\dfrac{v_0}{\sqrt{\Delta p/\rho}}$,为坎上水流的欧拉数,反映流场压降的影响程度;$We=\dfrac{v_0}{\sqrt{\sigma/\rho L_j}}$,为坎上水流的韦伯数,反映水舌表面张力的影响程度;$\dfrac{L_j}{h_0}$,表示射流水舌的几何尺寸;$\dfrac{t}{h_0}$、$\dfrac{d}{h_0}$、$\tan\alpha$、$\tan\theta$ 表示掺气设施及渠道的几何尺寸。

综合以上分析,除了掺气设施及渠道的几何尺寸外,作用在水流上的重力、惯性力、黏滞力、压力、张力等都会对掺气现象构成影响。射流掺气机理复杂,掺气量的影响因素众多,尽管前人已经做了大量的研究工作,目前还很难单纯依靠理论分析建立实用的理论公式。汇集部分典型工程掺气减蚀原型观测资料,分析掺气设施体型和来流弗劳德数对掺气比的影响,如图4-2所示。

可以看出,当泄水建筑物的掺气设施体型相同时(Foz do Areia 溢洪道 1 号掺气坎和 Emborcacao 下掺气坎都由 0.2m 挑坎组成、乌江渡右滑雪道下掺气坎和 2 号溢流孔掺气坎都由 0.85m 挑坎组成),它们的 $\beta\text{-}q_w$ 和 $Fr\text{-}q_w$ 曲线的相对分布趋势基本一致,弗劳德数和掺气比的大小成正比。也就是说,当掺气设施体型相同时,对于同一单宽来流量,来流弗劳德数越大,掺气比越大。

当泄水建筑物的掺气设施体型渐变时(Foz do Areia 溢洪道的 1 号、2 号和 3 号掺气坎的跌坎高度分别为 0.2m、0.15m 和 0.1m,逐渐减小),对于同一来流弗劳德数,挑坎高度越大,其对应的水流掺气比越大。

掺气设施挑坎高度和来流弗劳德数对水流掺气都起促进作用。虽然单一变量对掺气比的定性影响比较明了,但很难将这种影响程度定量。

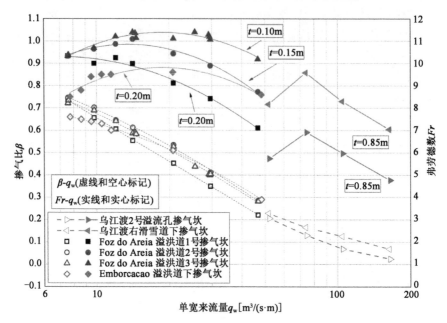

图 4-2　典型工程掺气设施体型和弗劳德数对掺气比的影响

4.2　掺气量理论公式经验系数讨论

如第一章介绍,已有的掺气量计算方法主要分为两类,基于理论分析的第一类经验公式和基于实测数据的第二类经验公式。关于第一类经验公式(1-18)中的经验系数 K 值,有的是通过原型观测获得,但由于原型中不易确定抛射距离、大多是通过综合原型和模型试验成果获得。

根据已整理的原观资料,将典型泄水建筑物掺气设施的 K 值列于表 4-1。可以看出,K 值的分布范围较广,平均值大致在 $0.010 \sim 0.073$ 之间。

典型泄水建筑物掺气设施原观 K 值　　表 4-1

工程名称	掺气设施			通气管进气	q_w [m³/(s·m)]	K	$\overline{K}$
	位置	t(m)	d(m)				
丰满	溢流坝掺气坎	0.20	0.00	非对称	$6.53 \sim 26.67$	$0.010 \sim 0.011$	0.010
白山	溢流高孔掺气坎	0.00	1.66	对称	$25.50 \sim 70.17$	—	0.024
Guri	泄槽1下掺气坎	0.25	2.84	对称	$6.89 \sim 150.0$	—	0.026
	泄槽2下掺气坎	1.50	2.20	对称	$15.29 \sim 120.0$	—	0.073

续上表

工程名称	掺 气 设 施			通气管进气	q_w $[\mathrm{m^3/(s \cdot m)}]$	K	$\overline{K}$
	位置	t(m)	d(m)				
锦屏一级	泄洪洞2号掺气坎	0.40	1.50	对称	112.4	0.037	0.041
					246.1	0.045	
石头河	输水洞出口掺气坎	0.00	0.35	对称	3.49	0.034	0.031
					5.14	0.037	
					6.80	0.034	
					10.04	0.032	
					11.64	0.030	
					13.26	0.025	
					16.53	0.026	
					19.80	0.026	
					27.46	0.028	
					31.67	0.034	
冯家山	溢洪洞上掺气坎	0.60	0.00	对称	27.08	0.021	0.020
					47.50	0.019	
					61.94	0.019	
					76.11	0.019	
	溢洪洞下掺气坎	0.30	0.00	对称	27.08	0.027	0.028
					47.50	0.025	
					61.94	0.029	
					76.11	0.029	
乌江渡	左滑雪道上掺气坎	0.61	0.00	非对称	51.85	0.012	0.013
					74.00	0.013	
					107.5	0.013	
					163.1	0.015	
	左滑雪道下掺气坎	0.85	0.00	对称	51.85	0.015	0.017
					74.00	0.016	
					107.5	0.017	
					163.1	0.021	

续上表

工程名称	掺 气 设 施			通气管进气	q_w $[m^3/(s \cdot m)]$	K	$\overline{K}$
	位置	$t(m)$	$d(m)$				
乌江渡	右滑雪道下掺气坎	0.85	0.00	对称	65.38	0.016	0.015
					51.69	0.014	
					73.85	0.014	
					103.8	0.015	
					163.1	0.013	
	2 号溢流孔掺气坎	0.85	0.00	对称	52.15	0.020	0.015
					74.46	0.018	
					105.1	0.014	
					164.6	0.008	
	左岸泄洪洞掺气坎	0.38	0.00	对称	38.89	0.025	0.020
					53.11	0.021	
					66.67	0.022	
					98.44	0.017	
					100.0	0.021	
					143.8	0.012	
					197.8	0.020	
	右岸泄洪洞上掺气坎	0.29	0.00	对称	50.33	0.034	0.034
					95.33	0.033	
					142.2	0.036	
					226.7	0.033	
Foz do Areia	溢洪道 1 号掺气坎	0.20	0.00	对称	7.58	0.034	0.030
					9.77	0.032	
					12.04	0.031	
					14.16	0.029	
					20.82	0.029	
					29.60	0.030	
					46.74	0.026	
	溢洪道 2 号掺气坎	0.15	0.00	对称	7.58	0.036	0.033
					9.77	0.034	

续上表

工程名称	掺气设施			通气管进气	q_w $[m^3/(s \cdot m)]$	K	$\bar{K}$
	位置	$t(m)$	$d(m)$				
Foz do Areia	溢洪道2号掺气坎	0.15	0.00	对称	12.04	0.033	0.033
					14.16	0.032	
					20.82	0.034	
					29.60	0.034	
					46.74	0.031	
	溢洪道3号掺气坎	0.10	0.00	对称	7.58	0.037	0.030
					7.62	0.032	
					9.77	0.035	
					12.04	0.032	
					14.16	0.029	
					14.50	0.029	
					14.62	0.030	
					20.82	0.031	
					25.55	0.027	
					29.18	0.027	
					29.43	0.027	
					29.60	0.029	
					46.74	0.025	
	溢洪道1号掺气坎	0.20	0.00	非对称	7.62	0.019	0.020
					14.50	0.019	
					14.62	0.020	
					25.55	0.020	
					29.18	0.021	
					29.43	0.021	
	溢洪道2号掺气坎	0.15	0.00	非对称	7.62	0.022	0.026
					14.50	0.025	
					14.62	0.024	
					25.55	0.026	
					29.18	0.030	
					29.43	0.030	

K 值并不单纯地随着挑坎或跌坎高度的变化而增加或减小,其变化趋势与掺气坎尺寸的规律不明显。对于 Foz do Areia 溢洪道 1 号~3 号掺气坎,它们的挑坎高度逐渐从 0.2m 过渡到 0.1m,单宽来流量相同,当挑坎高度为 0.15m 时,K 值最大;对于乌江渡左滑雪道下掺气坎和右滑雪道下掺气坎,它们的掺气坎尺寸和单宽来流量都是相同的,但是 K 值却不同。掺气设施两侧的通气管对称进气明显比单侧进气的 K 值要大,例如 Foz do Areia 溢洪道 1 号和 2 号掺气坎。表 4-1 中的经验系数 K 值来源于实际工程,可用于类似工程的掺气量预测,为工程设计提供参考。

掺气现象复杂,使用线性理论方程计算掺气量时,其中经验系数的取值并非是一个定值,实际上,K 值受众多因素的影响,像来流流态、掺气坎体型和布置、壁面粗糙度、空腔负压等,都会影响到它的取值。

考虑这些影响因素,I. R. Wood[166] 基于 Foz do Areia 工程的原观资料提出了一个计算 K 值的经验公式:

$$K = 0.0079(Fr_0 - 4.3) - 0.16(t/h_0)(\Delta p/\gamma h_0) \tag{4-3}$$

式中,γ 为水的重度。对于锦屏一级泄洪洞 2 号掺气坎,当单宽来流量为 246m³/(s·m) 时,结合其来流弗劳德数、水深和空腔负压的实测结果,利用式(4-3)计算得 $K = 0.076$,与直接利用原观数据得到的 $K = 0.037$ 相差较多。式(4-3)是基于实测资料拟合的经验公式,由于仅采用了一个工程的资料,样本容量偏小,对其他工程并不具有通用性。

本书整理了相对较多的原观数据,基于此,假定经验系数 K 的表达形式为:

$$K = K_1 \cdot (Fr_0 - K_2)^{K_3} - m \cdot P_N^n \tag{4-4}$$

式中,K_1、K_2、K_3 为与渠道几何参数和掺气设施几何尺寸有关的系数;m、n 为经验系数;P_N 为空腔负压指数。将渠道几何参数和掺气设施尺寸用综合体型参数 $Y = (t/\cos\theta + d)/(h_0 \cdot \cos\alpha)$ 来表示,根据 Foz do Areia、冯家山、石头河和乌江渡的原型数据拟合,各经验系数可表示为:

$$\left.\begin{aligned}
K_1 &= 0.02521Y^2 - 0.07854Y - 0.12488 \\
K_2 &= 5.09391Y - 5.49929 \\
K_3 &= -0.09104Y + 0.03942 \\
m &= -0.17312 \\
n &= -0.01181
\end{aligned}\right\} \tag{4-5}$$

将以上原观工程利用经验公式(4-4)及其经验系数取值公式(4-5)计算的 K 值和根据原观数据直接求得的 K 值比较,结果列于图4-3。可以看出,公式计算值与原观值比较接近,计算值大致在原观值 ±20% 之内。经验公式(4-4)反映了经验系数 K 与来流弗劳德数、空腔负压指数、渠道几何参数和掺气设施尺寸之间的关系,具有一定的精度。

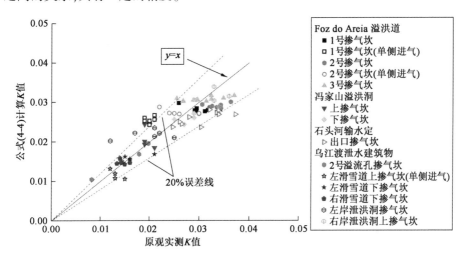

图4-3　经验系数 K 公式(4-4)计算值和实测值比较

4.3　基于原观的掺气量预测方法

基于原模型试验数据的第二类公式,相比第一类经验公式,不用提前预估射流空腔长度,只需提前知道来流弗劳德数和掺气坎几何尺寸,而来流弗劳德数或水深可以通过数值计算或者模型试验得到,方程形式使用起来比较方便。但是其基于的原型资料样本不够大,导致不同公式的计算结果差别较大,缺乏普遍适用性。

基于对大量原型工程的汇总,取得了较多的原型掺气量资料,分别分析掺气比与来流弗劳德数和单宽来流量的关系,依托相对较大的样本容量,进一步探求适用性较强的掺气量预测方法。

4.3.1　掺气比与来流弗劳德数的关系

参考第二类经验公式的表示形式,建立掺气设施掺气比与来流弗劳德数和掺气设施尺寸的关系。对于实际水利工程,流体为水、壁面材料一般为混凝土,忽略温度变化,则重力加速度 g、水的动力黏滞系数 μ、水流密度 ρ 和水的表面张

力系数 σ 基本不变,可不考虑。射流空腔长度 L_j 和空腔负压 Δp 是由来流水力特性、渠道几何参数和掺气设施几何尺寸决定的。则公式(4-1)可简化为:

$$f(h_0, v_0, \alpha, t, \theta, d) = 0 \qquad (4\text{-}6)$$

将式(4-6)中的参数无量纲化表示:

$$f\left(Fr_0, \frac{t}{h_0}, \frac{d}{h_0}, \cos\alpha, \cos\theta\right) = 0 \qquad (4\text{-}7)$$

汇总部分掺气设施原观掺气比与来流弗劳德数关系,如图4-4所示,各掺气设施原观无量纲掺气比 β 随来流弗劳德数 Fr 的变化趋势,大致都符合幂函数曲线分布。据此,假定掺气比的计算公式为以下形式:

$$\beta = K_4 (Fr_0 - K_5)^{K_6} \qquad (4\text{-}8)$$

式中,K_4、K_5、K_6 为与渠道几何参数和掺气设施几何尺寸有关的系数,K_5 相当于一个临界弗劳德数,当 $Fr_0 \geq K_5$ 时,水舌便开始掺气。

根据 Foz do Areia、冯家山、石头河、乌江渡和锦屏一级的原型数据,建立经验系数与渠道和掺气设施综合体型参数的关系,K_4、K_5、K_6 可表示为:

$$\left.\begin{array}{l} K_4 = 0.00339Y^3 - 0.00591Y^2 + 0.00503Y - 0.000012 \\ K_5 = 6.82113Y - 1.32816 \\ K_6 = 0.27943Y + 2.71532 \end{array}\right\} \qquad (4\text{-}9)$$

利用系数公式(4-9)拟合图4-4中所列掺气设施的原观数据,可得各系数的取值范围为:$0.00035 \leq K_4 \leq 0.00231$、$0.78 \leq K_5 \leq 5.1$、$2.74 \leq K_6 \leq 2.98$。

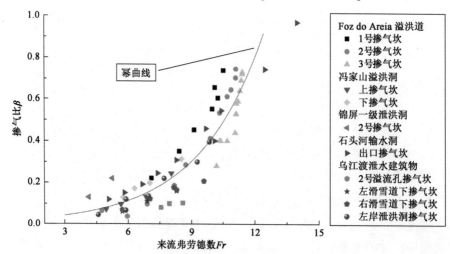

图4-4 原观掺气比与来流弗劳德数的关系

将以上原观工程利用公式(4-8)及其系数取值公式(4-9)计算的掺气设施掺气比和根据原观数据直接求得的掺气比比较,结果列于图4-5。

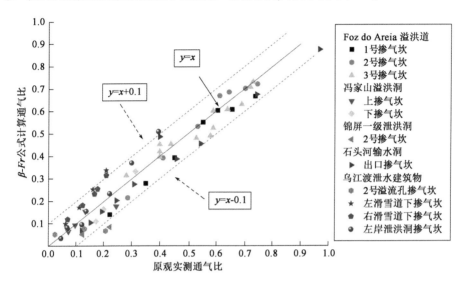

图4-5 β-Fr 公式计算掺气比与原观掺气比比较

可以看出,公式计算掺气比与原观实测掺气比的比值大致均匀分布于直线 $y = x$(计算值≈实测值)两侧,所有掺气比的比值基本都在 $y = x \pm 0.1$ 的包络线范围内,即 $\beta_{计算} = \beta_{原观} \pm 0.1$。总体上,当掺气比比较大的时候,计算结果的相对误差较小,但当掺气比比较小的时候,计算结果的相对误差较大。具体到锦屏一级泄洪洞2号掺气坎,其掺气坎的尺寸相对较大,公式计算掺气比都要小于原观实测值。

基于原观数据推导的经验公式(4-8)及其系数取值公式(4-9),当掺气比相对较大的时候,具有一定的适用性。但具体到某一掺气设施,计算结果与实际值可能会有所偏离。水流掺气现象复杂,公式(4-8)及其系数取值公式(4-9)可用于掺气设施掺气量的粗略估算。

4.3.2 掺气比与单宽流量的关系

1)经验公式建立

根据第3章汇总的掺气量分布规律,不同工程的掺气设施原观掺气比都随着单宽来流量的增大而减小,将图3-7整理的掺气比与单宽来流量的关系用双对数坐标表示,如图4-6所示。整体来看,虽然由于掺气设施的布置、体型及运行情况各不相同,形成了一簇 β-q_w 曲线,但每条曲线基本都服从幂函数分布。

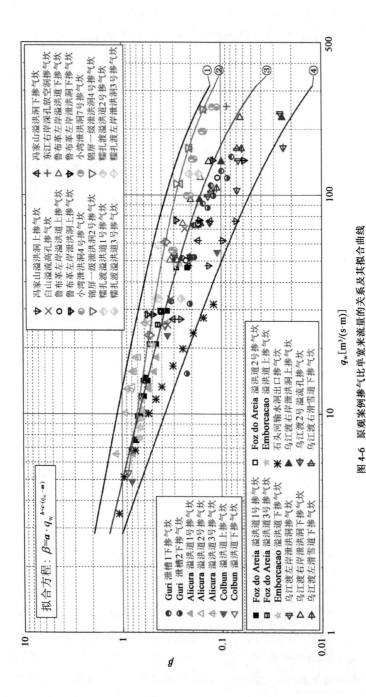

图 4-6　原观案例掺气比单宽米流量的关系及其拟合曲线

　　对于不同的掺气设施,掺气比随单宽来流量的下降趋势不同,表明无量纲掺气比的下降趋势与掺气设施的具体布置和尺寸有关。从图中可以看出,对于特定的掺气坎,掺气比随单宽来流量的下降速率不总是一个常值,随单宽来流量的增加而变化。采用幂函数对图中汇总的所有原观数据进行拟合并绘出上下包络线,根据分布趋势,当单宽来流量 q_w 约在 $40m^3/(s \cdot m)$ 以上时,每条曲线各自的下降速率基本是不变的;而当单宽来流量 q_w 约在 $100m^3/(s \cdot m)$ 以上时,下降速率随着单宽来流量的增加有明显的增长趋势,每条曲线似乎都存在着一个临界单宽来流量,来区分掺气比随单宽来流量的下降速率变化。这说明无量纲掺气比的下降趋势也与单宽来流量有关。通过以上分析,可以建立以下类型的公式,将无量纲掺气比与单宽来流量联系起来:

$$\beta = a \cdot q_w^{b+c(q_w-m)} \tag{4-10}$$

　　式中,a、b、c 和 m 是与掺气设施的具体布置及尺寸相关的系数。

　　采用非线性最小二乘法分析,可以获得各泄水建筑物的经验系数 a、b、c、m 的取值。锦屏一级泄洪洞 2 号和 4 号掺气坎的掺气比比较接近,对两组数据同时拟合得系数 $a = 1.5060$、$b = -0.3470$、$c = -0.0004$、$m = 64.5$,据此绘制的幂函数曲线如图 4-6 中②线所示,与原观数据吻合很好。

　　其他原观工程泄水建筑物掺气设施掺气量的拟合系数,列于表 4-2。

原观数据按公式(4-10)拟合的系数值及其决定系数　　　表 4-2

工程名称	掺气设施	公式中的经验系数				决定系数 R^2
		a	b	c	m	
石头河	输水洞出口掺气坎	1.9697	-0.8623	-0.0148	31.0	0.9929
Guri	泄槽 1 下掺气坎	2.2367	-0.5634	-0.0009	48.0	0.9993
	泄槽 2 下掺气坎	0.5000	-0.2845	-0.0006	67.2	0.8359
Emborcacao	溢洪道上掺气坎	0.9680	-0.3993	-0.0046	59.4	0.9944
	溢洪道下掺气坎	0.7965	-0.3301	-0.0043	64.4	0.9979
小湾	泄洪洞 4 号掺气坎	1.6831	-0.4343	-0.0002	58.4	0.9786
	泄洪洞 7 号掺气坎	1.7553	-0.4294	-0.0002	57.9	0.9882
冯家山	溢洪洞上掺气坎	2.9567	-0.7382	-0.0026	26.2	0.9988
	溢洪洞下掺气坎	0.5839	-0.3357	-0.0031	73.2	0.9991
锦屏一级	泄洪洞 2 号掺气坎	1.6580	-0.3700	-0.0004	62.8	0.9989
	泄洪洞 4 号掺气坎	1.3609	-0.3228	-0.0004	66.4	0.9975

续上表

工程名称	掺气设施	公式中的经验系数				决定系数 R^2
		a	b	c	m	
Alicura	溢洪道 1 号掺气坎	2.1502	−0.5450	0	47.7	0.9884
	溢洪道 2 号掺气坎	2.6947	−0.5358	−0.0020	47.8	0.9948
	溢洪道 3 号掺气坎	2.0919	−0.4629	−0.0032	51.5	0.9834
Foz do Areia	溢洪道 1 号掺气坎	1.4378	−0.5047	−0.0039	51.8	0.9996
	溢洪道 2 号掺气坎	1.0974	−0.4024	−0.0042	58.6	0.9976
	溢洪道 3 号掺气坎	1.1405	−0.4112	−0.0039	57.1	0.9945
乌江渡	2 号溢流孔掺气坎	1.7004	−0.5221	−0.0028	47.8	0.9997
	右滑雪道下掺气坎	0.5427	−0.2823	−0.0014	79.3	0.9993
	左滑雪道下掺气坎	1.2647	−0.4703	−0.0012	63.6	0.9997
	左岸泄洪洞掺气坎	2.9699	−0.5561	−0.0019	41.0	0.9982

由表 4-2 可知,系数 a 的取值范围为 0.5~3.0,系数 b 的取值范围为 −0.86~ −0.28,系数 c 的取值范围为 −0.0148~0,系数 m 的取值范围为 26~80。决定系数(相关系数的平方)的大小决定了相关的密切程度,除 Guri 泄槽 2 下掺气坎外,其余各泄水建筑物掺气设施的拟合曲线的决定系数基本都在 0.98 以上,表明幂函数拟合曲线与原观数据点的相关程度较高,公式(4-10)能够很好地反映各原观数据点的变化趋势。

公式(4-10)中的指数项 $b + c(q_w - m)$ 用来描述掺气比随单宽来流量下降速率的变化趋势,其中 m 代表临界单宽流量,根据表 4-2 的拟合结果,m 在 26~ 80m³/(s·m)范围内,具体取值与掺气设施的尺寸有关。当单宽来流量 $q_w < m$ 的时候,项 $c(q_w - m)$ 为正,由于系数 b 一直为负值、系数 c 一直很小,相比较之下,项 $c(q_w - m)$ 基本上可以忽略;指数项的值基本不变,所以掺气比随单宽来流量的下降速率也基本不变。当单宽来流量 $q_w > m$ 的时候,项 $c(q_w - m)$ 为负,虽然跟系数 b 比较起来比较小,但是随着单宽来流量的增加,它在指数项中所占的权重越来越重要;随着单宽来流量的增加,指数项的值越来越大,所以掺气比随单宽来流量的下降速率会逐渐增大。总之,当单宽来流量大于某一临界值时,公式(4-10)中的指数部分项 $c(q_w - m)$ 可以很好地反映无量纲掺气比随单宽来流量下降速率的增长趋势。

同时,也应当注意,公式(4-10)等号两侧的量纲是不和谐的。一般而言,如果想要经验方程具有物理意义,则在没有较为严格的理论推导的情况下,量纲分析应该作为经验方程推导的准绳和约束条件。以往的掺气量计算经验公式大多都是基于一定的假设、通过试验数据拟合系数而得到的,方程建立过程中考虑了量纲协调,但是方程中包含的一些参数,必须得提前利用其他辅助手段获得,由于描述掺气现象的理论仍然不完善、模型试验存在缩尺效应,这在实际工程的应用中多有不便。公式(4-10)的变量仅包含提前已知的单宽来流量,从工程应用的角度来说比较实际,可直接计算掺气量。由于是根据掺气比与单宽来流量的分布趋势直接拟合而得到的公式,方程两侧的量纲是不统一的。但是从目前搜集到的所有原观案例的掺气比资料来看,公式(4-10)的形式可以很好地反映掺气比随单宽来流量的变化趋势,虽然量纲不和谐,但是实际工程应用起来比较方便。

关于公式(4-10)中四个系数的取值,与掺气设施的布置及尺寸有关,要得到这些系数的确切表达形式,还需要更加系统的原观数据。

2)公式系数的确定

现有条件下,为了使公式(4-10)具有应用价值,可参考系数公式(4-9)大致建立各系数与综合体型参数 $Y = (t/\cos\theta + d)/(h_0 \cdot \cos\alpha)$ 的关系,这种拟合虽然引入了预先未知的参数 h_0,但水深参数比较容易得到,而且根据经验,由物理模型或数值模型得到的水深与原型具有比较好的相似性。

按照这种思路拟合,需要对总体数据进行回归分析。最小二乘法是对大量数据进行回归分析时最常用的方法,通过最小化误差的平方和来寻找数据的最佳匹配函数。传统的高斯最小二乘法考虑的是绝对误差、针对等精度数据而言有比较高的拟合度。但根据图4-6的总体分布趋势,随着单宽来流量的增大,包络线范围变宽,掺气比取值较小时的变化范围比较大,若按照绝对误差来控制,分析结果将会产生较大的误差。因此,在最小二乘法的分析过程中引入权重系数,使得曲线的拟合精度由相对误差来控制。

根据 Foz do Areia、Emborcacao、Colbun、冯家山、石头河、乌江渡和锦屏一级的原型数据,采用基于相对误差的最小二乘法进行回归分析,系数 a、b、c、m 可表示为:

$$\left.\begin{array}{l} a = 1.0873Y^2 - 2.7591Y - 0.0845Y^{-1} + 2.7988 \\[2mm] b = 0.2546Y - 0.58095 \\[2mm] c = 0.0106Y^2 - 0.0065Y + 0.0034 \\[2mm] m = 5Y^{-1} + 26 \end{array}\right\} \quad (4\text{-}11)$$

将系数公式(4-11)代入到公式(4-10),比较部分工程掺气设施的计算掺气比和原观掺气比,列于图4-7。

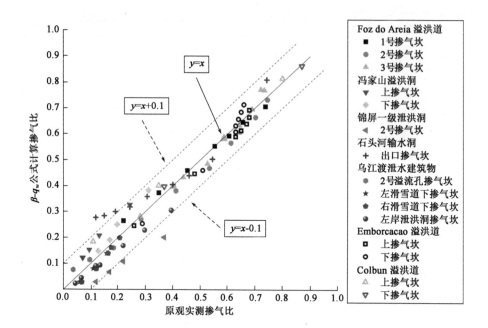

图4-7　$\beta\text{-}q_w$ 公式计算掺气比与原观掺气比比较

除石头河输水洞掺气坎和锦屏一级泄洪洞2号掺气坎外,其余计算结果都与原型结果比较接近,计算值与实测值的比值也基本都落在 $y = x \pm 0.1$ 的包络线范围内。与图4-5的分布趋势类似,当掺气比相对较大($\beta \geqslant 0.4$)的时候,计算结果的相对误差较小,而且比较来看图4-7的数据集中程度更高,计算结果更接近实测值。分析其形成原因,弗劳德数在原型中不能直接得到,需要借助物理实验或数值计算等其他辅助手段,虽然模拟精度较高,但相对单宽流量而言,根据大量的原型经验,泄水建筑物泄流量的设计计算方法或物理模拟方法都更加成熟,预估值与实际运行时的流量比较接近。因此,单宽流量这一参数相对准确并且更容易得到,统计到的原观掺气比随单宽流量变化的数据量也更大。得益于较大的统计样本和更可靠的数据来源,公式(4-10)的形式相比公式(4-8)可能更接近于实际。

对于石头河输水洞掺气坎和锦屏一级泄洪洞2号掺气坎,如图4-6中的分布趋势,相对于整体分布而言,这两个工程掺气设施掺气比随单宽流量的变化趋势属于两个极端、分布于包络线两侧,石头河输水洞掺气坎掺气比随单宽流量降低较快,而锦屏一级泄洪掺气坎降低较慢。根据表3-2,相对其他工程,石头河输水洞泄槽坡度较缓、掺气坎尺寸较小,而锦屏一级泄洪洞泄槽坡度较大、掺气坎尺寸也较大,较特殊的掺气设施尺寸及其布置形式导致其掺气比变化趋势比较特殊。由于系数拟合是针对搜集到的整体数据,所以这两个极端案例的符合度相对较差。结合图4-4和图4-6,公式(4-8)和公式(4-10)这两种类型的公式总体上比较符合数据量的分布规律,但基于原型数据拟合的系数公式对掺气坎布置比较特殊的案例相关度较差,仍然需要进一步丰富各种尺寸掺气坎体型的原型观测样本。

比较图4-5和图4-7,可以发现一个较明显的规律,除锦屏一级泄洪洞2号掺气坎外,对于其他同一掺气设施,用两种不同拟合方式计算的掺气比与其实测值的比值大致分布在直线 $y=x$(计算值≈实测值)两侧。例如,当掺气比 $\beta \geqslant 0.4$ 的时候,Foz do Areia 溢洪道2号掺气坎,按弗劳德数拟合的计算值基本都大于实测值,而按单宽流量拟合的计算值基本都小于实测值;Foz do Areia 溢洪道3号掺气坎,按弗劳德数拟合的计算值先大于后小于实测值,而按单宽流量拟合的计算值先小于后大于实测值。当掺气比 $\beta \leqslant 0.4$ 的时候,这种规律更加明显。冯家山溢洪洞上掺气坎、石头河输水洞掺气坎,按弗劳德数拟合的计算值都小于实测值,而按单宽流量拟合的计算值都大于实测值;冯家山左滑雪道下掺气坎和右滑雪道下掺气坎,按弗劳德数拟合的计算值都大于实测值,而按单宽流量拟合的计算值都小于实测值;冯家山溢洪洞下掺气坎、乌江渡2号溢流孔掺气坎,按两种方式拟合的计算值基本均匀分布在 $y=x$ 两侧。

这种分布规律有助于利用拟合系数进行掺气量预测,尤其是当掺气比比较小的时候,更能显现出其应用价值。对于实际工程的掺气量预测,可以同时使用两种类型的经验公式及其系数拟合公式进行计算,实际掺气比很大程度上会落在这两个公式计算值的范围内。公式(4-8)和公式(4-10)组合使用精度更高,可明显缩小掺气量的预估范围。

4.4 掺气量计算公式比较

基于 Foz do Areia、冯家山、石头河、乌江渡和锦屏一级的原型数据,选取几种典型掺气量计算公式[理论公式(1-18)、Rutschmann 公式(1-22)、时启遂公式(1-26)和基于原观的掺气量公式(4-8)、公式(4-10)]进行比较。不同公式计算结果与原观实测结果的比较如图4-8所示。

根据图中分布规律可以看出,基于原观建立的掺气量计算公式(4-8)和公式(4-10)的预测精度要明显高于其他类型公式,具有更大的适用性,且同上节分析两公式的计算结果大致对称分布在原观值两侧,两种公式可组合使用来预测掺气量。

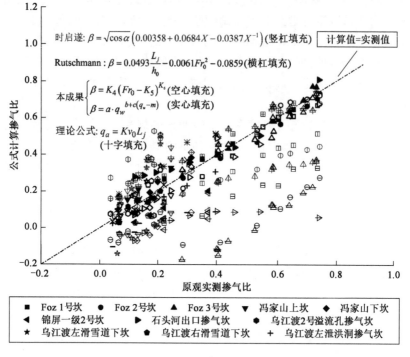

图4-8　不同掺气量公式计算结果比较

除此之外,在计算范围内,按计算结果与原型实测结果的接近程度,理论公式(1-18)计算结果 > 时启遂公式(1-26)计算结果 > Rutschmann 公式(1-22)计算结果,公式(1-18)的计算值基本都大于实测值。公式(1-22)和公式(1-26)都是基于实测数据建立的经验公式,其计算结果的差异主要是由于拟合样本的不同所造成的,公式(1-26)基于原型,而公式(1-22)是基于模型数据建立的,由于物理模型模拟掺气存在缩尺效应,所以其计算结果偏离较大。

4.5　本章小结

本章主要对掺气设施掺气量的计算方法进行了研究,基于众多工程掺气设施掺气量的原观资料,讨论了掺气量理论公式中经验系数的取值,然后通过分析掺气比与来流弗劳德数和单宽来流量的关系,提出了两种基于原观数据的掺气比计算公式。主要结论如下:

（1）射流掺气机理复杂，影响掺气量的因素较多，除了掺气设施和渠道的几何尺寸外，作用在水流上的重力、惯性力、黏滞力、压力、张力等都会对掺气量形成影响。各影响因素对掺气量的影响可以进行定性分析，但很难建立比较实用的理论计算公式。

（2）基于多个工程的原型资料，讨论了掺气量理论公式中经验系数 K 的取值，不同掺气设施在不同来流条件时的 K 值分布范围较广，平均值大致在 $0.010 \sim 0.073$ 之间。K 值并不单纯地随着挑坎或跌坎高度的变化而变化，影响因素较多。基于原型实测数据，推导了经验系数 K 与来流弗劳德数、空腔负压指数、渠道几何参数和掺气设施尺寸之间的关系，即公式（4-4）。公式计算值与原观值比较接近，计算值大致在原观值 $\pm 20\%$ 之内，拟合公式具有一定的精度。

（3）基于多个工程的原观数据，分别从两种角度出发，探求了掺气量的预测方法。基于原观掺气比随来流弗劳德数的变化规律，并参考第二类经验公式的研究成果，掺气比随着来流弗劳德数的增加而增大、大致符合幂函数曲线分布，依此建立了掺气比与来流弗劳德数的关系，即公式（4-8）；基于原观掺气比随单宽来流量的变化规律，掺气比随着单宽来流量的增加而减小，也基本服从幂函数分布，但随着单宽来流量的增大，掺气比的下降速率先大致不变，然后在超过某一临界单宽来流量之后明显增大，根据这种分布趋势，建立了掺气比与单宽来流量的计算公式，即公式（4-10）。两种类型公式中的系数均为与掺气设施布置及其几何尺寸相关的参数，通过拟合原型数据得到表达式。基于更大的统计样本和较为可靠的数据来源，掺气比与单宽流量的经验公式可能更接近于实际。

总体上，这两种类型公式根据拟合系数计算的掺气比都大致对称分布在原观实测值两侧，计算值基本在实测值 ± 0.1 的范围内，当掺气比相对较大（$\beta \geq 0.4$）的时候，计算结果的相对误差较小；但当掺气比相对较小（$\beta \leq 0.4$）的时候，单独使用一种公式的计算误差可能会比较大。通过比较两种类型公式的计算结果发现，对于同一掺气设施，两种公式的计算值与原观实测值的相对大小大致是对称的。利用这种分布规律，在进行实际工程的掺气量预测时，可以组合使用这两种经验公式，实际掺气量很大程度上会落在这两种公式计算值的范围内，从而有效缩小掺气量的预估范围。两种经验公式的组合使用，可有效提高掺气量预测精度。

（4）基于原型数据拟合的经验公式的预测精度，相比其他已有典型公式要高得多，总体上有一定的适用性。但掺气现象的影响因素众多，很难将其完全考虑进来，公式中用来反映掺气设施尺寸及其布置的综合参数的拟定形式对计算结果有很大影响。另外,由于较大掺气坎尺寸的原型数据相对较少,拟合公式对大掺气坎尺寸的掺气量预测偏差较大,比如锦屏一级泄洪洞掺气坎。要得到准确度更高的计算公式,还需要进一步丰富掺气量的观测样本,并继续优化综合体型参数的表示形式。

第5章 掺气设施掺气量的模型试验研究

模型试验是研究掺气减蚀的重要方法,但由于常规的弗劳德相似模型不能准确反映水流的紊动水平,使得物理模型对掺气量的模拟存在缩尺效应。本章通过整理部分典型工程的原型和模型资料,对掺气设施的原型和模型掺气量进行了对比;为提高弗劳德相似模型对掺气量的预报水平,在模型中采用对泄槽底板局部增加粗糙度的方法来增加水流紊动,分析了底板局部加糙对坎上壁面脉动压力、掺气设施掺气量、射流空腔长度和空腔底板压力分布等参数的影响。通过表面粗糙度与水流紊动程度之间的转化,探索了模型中水流紊动水平与掺气比的定量关系。

5.1 原模型掺气量比较

现搜集到国外 Alicura[147]、Nurek[148]、Mcphee[76]、Foz do Areia[66]、ST. Luoke[72]、Tarbela[148]、Shushekoe[72]、Glen Canyon[150] 和国内白山[153]、丰满[152]、冯家山、乌江渡[84]、东江[155]、石头河[156]、鲁布革[167]、糯扎渡[168]、锦屏一级[169],共 17 个工程的原型和模型掺气量资料,其中模型掺气量为模型测量值按弗劳德相似律转换到原型的掺气量。定义原型和模型掺气比的比值 $\beta_* = \beta_p/\beta_m$,各工程的原模型掺气比 β_* 随模型比尺 Lr 和单宽来流量 q_w 的变化关系如图 5-1 所示。

由图 5-1 可以看出,在模型比尺 $Lr = 1:70 \sim 1:8$ 的变化范围内,按弗劳德相似律转换的模型掺气量一般都比原型实测掺气量小。模型比尺越大,原型和模型掺气量越接近,原模型掺气比越接近于 1(图中虚线)。Foz do Areia 溢洪道在单宽流量 $7.6 \sim 47\text{m}^3/\text{s}$ 范围内,分别进行了模型比为 $1:8$、$1:15$、$1:30$、$1:50$ 四个比尺的模型试验,系统地测试了 1 号掺气坎掺气量的变化规律,发现当模型比尺 $Lr = 1:8$ 时,模型和原型掺气量基本满足弗劳德相似律,随着模型比尺的减小、原模型掺气比越来越大,当 $Lr = 1:50$ 时、原型掺气量是模型的 $3 \sim 4$ 倍。白山溢流坝进行了模型比尺分别为 $1:20$、$1:40$、$1:70$ 三个比尺的模型试验,当单宽来流量 $q_w = 85\text{m}^3/\text{s}$ 时,三个模型比尺从大到小对应的原模型掺气比分别为 2.13、3.82 和 14.69,模型比尺从 $1:20$ 到 $1:70$,缩小了 3.5 倍,而模型掺气量却缩小了 7 倍多。丰满工程在溢流坝上布置的为半孔掺气坎、单侧进气,在单宽流量 19～27m³/s 范围内、分别进行了模型比尺为 1:10、1:20、1:30 三个比尺的模型试验,发现当 $Lr=1:10$ 的时候、原模型掺气量非常接近,而其他两个比尺、原型掺气量都是模型的 2 倍多。原模型掺气比随模型比尺的变化是非线性的,模型比尺越小,相对差的越多。根据图 5-1 汇集到的现有资料表明,当模型比尺 $Lr \geqslant 1:10$ 时,模型掺气量和原型比较接近。然而实际当中,受试验场地和经济条件的限制,很多工程的物理模型都很难达到这么大的规模。

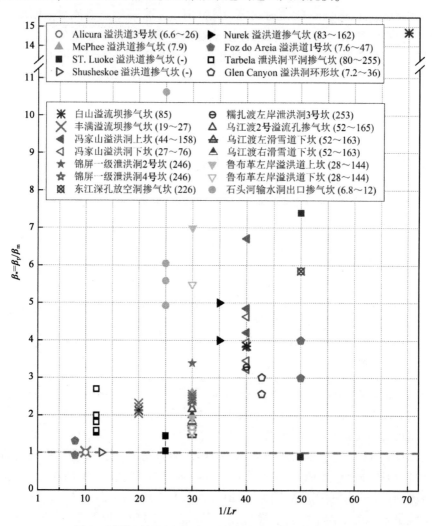

图 5-1　原模型掺气比与模型比尺的关系(图中数字为单宽流量)

当模型比尺固定时,同一掺气设施的原模型掺气比也会随着来流条件的不同而变化。例如石头河输水洞出口掺气坎,单宽流量在$6.8 \sim 12\mathrm{m}^3/\mathrm{s}$范围内,而原模型掺气比在$4.9 \sim 10.6$之间变化。

模型掺气量转换到原型,需要考虑缩尺效应,但目前还没有比较公认可行的引申方法。在场地和经济条件允许的情况下,选择合适的物理模型比尺是解决缩尺效应的一种办法。

5.2　加糙增紊模型试验

在无法采用较大模型比尺的情况下,可在模型中采用加糙增紊的方法来提高模型水流紊动水平,从而更好地模拟掺气现象。为了探讨局部加糙对水流紊动程度及掺气水力参数的影响,特设计高流速、大尺寸物理模型进行详细研究。

5.2.1　模型试验设计

1)模型几何体型

本试验为自主设计模型,由高钢板水箱向模型供水,为方便观察水流流态和测量水力参数,模型全部采用有机玻璃制作。图5-2为模型现场布置照片。

图5-2　模型现场布置

模型主要由进口段、有压段和无压段三部分组成,其中进口段和有压段位于水箱内部。进口段长0.5m,采用顶板和边墙突扩的形式,初始截面宽×高 = 0.5m×0.4m,末端截面宽×高 = 0.3m×0.3m;有压段长0.7m,为边长0.3m的方形断面。无压段主要包括无压上平段、反弧段和斜直线段,为宽×高 = 0.3m×0.4m的矩形截面。无压上平段长1.74m,坡度$i = 0$;反弧段底板半径为2.5m,圆心角为23.46°,弧长为1.02m;斜直线段坡度较大,坡脚为24.36°。无压段后接 15m 长的尾渠段,尾渠内布置矩形薄壁堰测量流量,薄壁堰高 0.4m。模型各部位的具体尺寸见图 5-3。

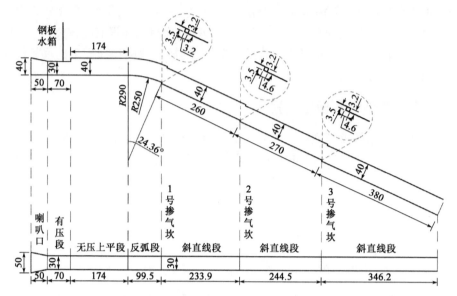

图 5-3　模型具体尺寸(尺寸单位:cm)

沿无压段陡槽共布置了三道掺气设施,从上到下分别为 1 号～3 号掺气坎。根据掺气坎的位置,斜直线段陡槽被分为三段,每段长度分别为 2.6m、2.7m 和3.8m,钢板水箱可为末道掺气坎提供最大 7.3m 水头。掺气设施体型采用传统的挑坎加跌坎组合形式,跌坎高度统一设计为 3.5cm,挑坎高度各不相同。掺气设施两侧采用工程中常见的侧墙通气管供气,这种布置方式比较简单,不会破坏边墙几何形状的连续性,可避免对水流流态造成影响。通气管进口与边墙齐平,断面形式为矩形,其中 1 号掺气坎出口截面尺寸为 3.2cm×3.2cm,2 号和 3 号掺气坎出口截面尺寸为 4.6cm×3.2cm。

2)局部加糙方法

局部加糙的材料选取及其布置方式需要满足一定的原则,既能够有效引起水流紊动,又不会影响整体水流流态、增加水深,同时还得满足自身的稳定性。通过材料比选,最终选用水砂纸,采用在挑坎上及挑坎上游局部粘贴水砂纸的方法来增加粗糙度。水砂纸具有良好的耐水性,且颗粒之间间隙小、分布比较均匀,在水中使用不会变形掉砂,可以满足试验的稳定性要求。

试验中使用的德国的碳化硅防水纸,根据 FEPA 欧洲标准,砂纸粒度号与磨料平均粒径的关系如图 5-4 所示[170]。

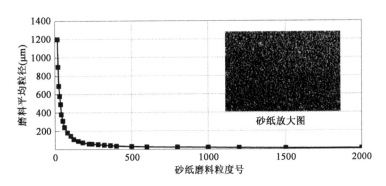

图 5-4　砂纸粒度号与磨料平均粒径的关系

结合水砂纸的尺寸,模型上水砂纸的铺设范围为:沿横向铺满 30cm,沿纵向,从挑坎末端起向前铺设 23cm,砂纸与泄槽底板之间用 703 胶固结。在挑坎上游和挑坎上同时粘贴水砂纸,有利于水流的平稳过渡。水砂纸的基本结构及其在模型上的铺设方式如图 5-5 所示。

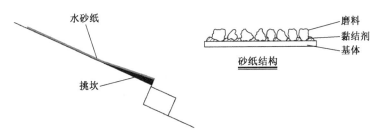

图 5-5　水砂纸铺设方式及砂纸结构示意图

3)测量参数及方法

(1)测量参数

本试验的主要目的是分析来流条件、掺气设施体型及泄槽底板局部加糙对掺气设施掺气效果的影响,据此,模型中需要对水流的紊动水平、掺气设施的通气效果、射流水舌轨迹及掺气坎后底板压力分布进行测量。要计算射流水舌的紊动水平,根据公式(1-5),需要知道射流水舌底缘的法向紊动流速,但由于陡槽坡度较大、水流流速较高,无法通过已有的接触式测量仪器直接得到,考虑采用其他间接方法来表征。

根据流场影响理论[171-172],脉动壁压是水流内部紊动在边界上的反应,紊动内部任意点的压力脉动源于该点的流速脉动。通过对 N-S 方程进行散度运算,可得脉动压力和脉动流速之间的关系:

$$\nabla^2 p' = -\rho \left[2 \frac{\overline{\partial u_x}}{\partial z} \frac{\partial u_z'}{\partial x} + \frac{\partial^2}{\partial x \partial z} (u_x' u_z' - \overline{u_x' u_z'}) \right] \tag{5-1}$$

式中，p 为脉动压力；ρ 为水流密度；u 为脉动流速；x 和 z 的指向同图 4-1。变量的撇和横标记分别代表瞬时值和时均值。

将式(5-1)直接在二元明渠流中沿水深积分，可得壁面上一点的压力脉动决定于该点上方、单位面积水柱内瞬时垂直脉动动量局地变化的总和，以及该点上方黏性底层上界面处由瞬时垂直速度所迁移的垂直脉动动量，即：

$$\overline{p'^2} = \left[\int_{\delta_1}^{h} \frac{\partial}{\partial t} (\rho u_z') \, dz \right]^2 + (4\rho^2 \, \overline{u_z^2} \, \overline{u_z'^2} + \rho^2 \, \overline{u_z'^4}) \delta_1 \tag{5-2}$$

式中，δ_1 为黏性底层厚度。根据上式，壁压脉动源可划分为：①突变流大尺度涡旋运动引起的紊动控制型(式中右侧的第一项)；②渐变流附面层内紊动控制型(式中右侧的第二项)。

泄水建筑物泄槽上的水流一般具有较大的雷诺数，属于强紊流控制型水流，黏性底层厚度极为微薄，分析时可以忽略黏性底层内部紊动的影响。则壁面压力主要源于黏性底层外部水流的紊动，即：

$$\overline{p'^2} = \left[\int_{0}^{h} \frac{\partial}{\partial t} (\rho u_z') \, dz \right]^2 \tag{5-3}$$

可以看出，紊流流场中的法向流速脉动导致了边壁的压力脉动，壁面脉动压力与其上部水流质点的法向脉动流速存在对应关系。脉动压力的强度通常用脉动压力均方根 σ 来表示，将测点的脉动压力均方根除以对应的坎前来流断面的平均流速水头，可得无量纲的脉动压力强度系数：

$$\lambda = \frac{\sigma}{v_0^2 / 2g} \tag{5-4}$$

基于以上分析，可以用脉动压力强度系数 λ 来间接表征水流的紊动强度 T_u。模型中需要测量的参数及其所使用到的仪器设备列于表 5-1。

测量参数及仪器设备　　　　　　　　　　　表 5-1

测量参数	符号	单位	测量仪器	测量误差
来流流量	Q_w	m^3/s	矩形薄壁堰	±0.5%
来流水深	h_0	m	直尺	清水 ±2mm，掺气 ±1cm
脉动压力	p'	Pa	脉动压力传感器	±0.3%
通气孔风速	V_a	m/s	毕托管、差压计	±0.5%

测量参数	符　号	单　位	测量仪器	测量误差
空腔长度	L_j	m	目测/测压管	目测 ±5cm,压力 ±2.5cm
空腔回水范围	s	m	目测/测压管	目测 ±5cm,压力 ±2.5cm
坎后底板压力	P	9.8kPa	测压管	空腔负压 ±2mm,冲击点 ±1cm
水温	T_w	℃	温度计	±0.2℃
气温	T_a	℃	温度计	±0.2℃

（2）测量方法。

①水深及脉动压力:考虑来流的稳定性,对于每道掺气坎,均取距挑坎起点10cm处作为测量水深的位置。为得到局部加糙后射流水舌下缘紊动程度的变化,脉动压力测点布置在掺气挑坎上,但同时也要避免射流水舌挑离掺气坎对下表面造成的影响,脉动压力测点布置在挑坎末端之前3cm的位置。脉动压力传感器为硅压阻式差压传感器,测量范围为 −4 ~ +30kPa,分辨率为 0.01kPa。

②通气管风速:根据相关规范,掺气量观测断面距进口的距离应大于6倍管径。在距通气管进口29cm和32cm的位置分别设置两个观测断面,每个断面分别测量断面中心和左右 1/4 宽度处的风速,共6个测点。每个测点连续读数40次,通气管风速取6点的平均值。采用毕托管与小量程高精度的差压传感器组合配套测量。同时用热敏式风速仪对平均风速进行校验。毕托管直径 3mm,测试系数 $K = 0.993$。差压计量程为60Pa,分辨率为 0.1Pa,测量范围为 0 ~ 20m/s。

③空腔长度及底板压力分布:由于边壁影响,射流水舌落点呈抛物线形,中间长、两边短,边壁处水舌先落到槽底。高流速下,水舌下缘掺气剧烈,再加空腔回水的影响,通过目测很难准确判定空腔长度。因此,采用目测结合底板压力联合判定的方法。目测方法:在模型非测量侧边壁粘贴透光纯色彩纸,并放置强光灯。纯水的透光性较差,而空腔位置的透光性较强,掺气水舌下缘的透光性介于之间,由此可以比较好地判断射流水舌轨迹。底板压力方法:在每道掺气设施后100cm范围内,沿泄槽底板中心线和与之平行的距边墙3cm的边线布置两列时均压力测点,测点间距5cm。空腔内的压力比较小,而水舌落点附近的压力骤增。由此可以获得空腔压力分布和水舌落点的位置。

模型中具体参数的测点布置及其测量方法如图 5-6 所示。

4）试验方案设计

根据试验目的,通过调节钢板水箱内水深,共设计了 5 种来流流量,不同来流条件时各级掺气坎前的来流弗劳德数如图 5-7 所示;在斜直线陡槽段设计了三级掺气,每道掺气坎变换两种体型,共 6 种掺气坎尺寸,不同掺气坎尺寸见表 5-2;选择了 14 种砂纸粒度号,加有机玻璃板(根据相关资料[56],有机玻璃板的表面粗糙度取 6μm)共 15 种表面粗糙度,不同砂纸粒度号及其磨料平均粒径见表 5-3。通过对来流条件、掺气坎尺寸及表面粗糙度的不同组合,共进行了 88 组试验。

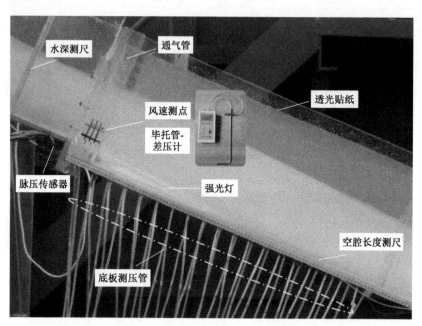

图 5-6　模型参数测点布置及其测量方法

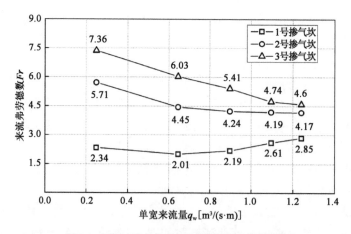

图 5-7　不同来流条件时各级掺气坎前的弗劳德数

掺 气 设 施 尺 寸 表 5-2

组 次	掺 气 设 施				
	名称	$\theta(°)$	$t(cm)$	$d(cm)$	$A(cm)$
1	1 号掺气坎	11.29	1.2	3.5	2□3.2×3.2
	2 号掺气坎	5.71	0.9	3.5	2□4.6×3.2
	3 号掺气坎	3.81	0.6	3.5	2□4.6×3.2
2	1 号掺气坎	0	0	3.5	2□3.2×3.2
	2 号掺气坎	7.59	1.2	3.5	2□4.6×3.2
	3 号掺气坎	2.55	0.4	3.5	2□4.6×3.2

砂纸粒度号及其磨料平均粒径 表 5-3

序号	粒度号	粒径 Δ (μm)	序号	粒度号	粒径 Δ (μm)	序号	粒度号	粒径 Δ (μm)
1	60	240	6	240	59	11	1000	19
2	80	180	7	320	46	12	1500	10
3	120	110	8	400	35	13	2000	8
4	150	90	9	600	25	14	3000	5
5	180	73	10	800	22	15	有机玻璃	6

5.2.2 试验结果分析

本节分析了不同来流条件和不同掺气坎尺寸时的水流掺气特性与泄槽底板表面粗糙度的关系。1 号掺气坎附近流速较小,坎后空腔内的反向漩滚基本都回溯到了掺气坎末端,仅对 1.2cm 挑坎高度情况进行了测试。

1)脉动压力

陡槽上的流速较高,各级掺气坎前的弗劳德数较大,属于急流范畴。根据已有的研究成果[173-174],急流脉动压力的频幅较宽,振幅虽然不大、但频率较高。参照奈奎斯特采样定理,本试验采样频率分别取 200Hz、500Hz 和 1000Hz,样本容量 24576。掺气坎上典型测点的脉动压力时程线和功率谱密度如图 5-8 所示。

脉动压力的幅值分布是随机的,主要能量集中在较宽较高的频带内。随着泄槽表面粗糙度的增加,脉动压力的幅值波动范围和主频都有较明显的增大。当表面粗糙度为 6μm 时,脉动压力的主频大致在 30Hz 左右,当表面粗糙度增至 240μm 时,主频增至 80Hz 左右,随着砂纸磨料粒径的增大,脉动能量集中的频带变宽变高。

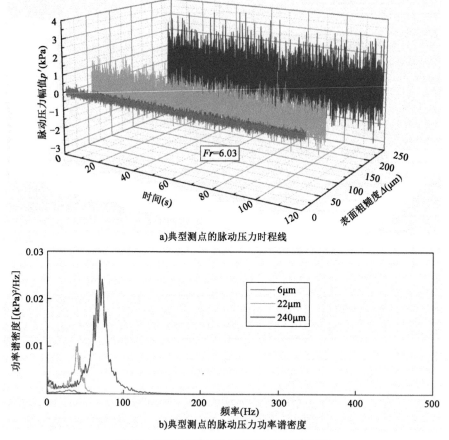

a)典型测点的脉动压力时程线

b)典型测点的脉动压力功率谱密度

图5-8　典型测点脉动压力时程线和功率谱密度

　　各级掺气坎的坎上脉动压力强度系数随表面粗糙度的变化关系如图5-9 ~ 图5-11所示。所有掺气坎的坎上脉动压力强度系数基本上都随着泄槽表面粗糙度的增加而增大,但增大的趋势逐渐变缓。

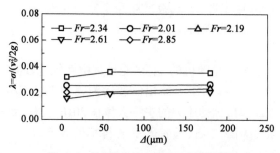

图5-9　1号掺气坎坎上脉动压力强度系数

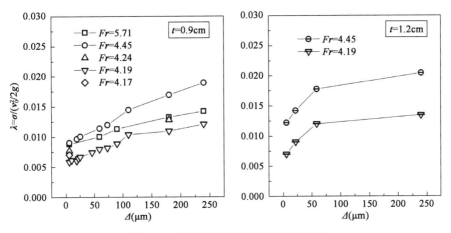

图5-10　2号掺气坎坎上脉动压力强度系数

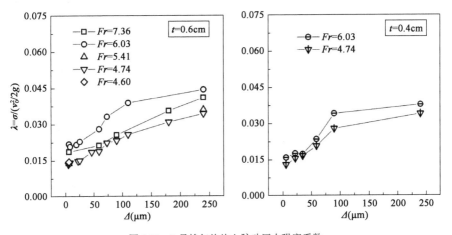

图5-11　3号掺气坎坎上脉动压力强度系数

　　1号掺气坎位于无压上平段之后的反弧段末端,水深较大,来流弗劳德数较小、水流整体的紊动程度相对较弱。在光滑的有机玻璃底板表面增加粗糙度,可增大坎上的脉动压力强度,但由于坎上水流的较大水深和较小紊动程度,脉动压力强度系数的增幅不大。

　　沿泄槽方向,越往下游,水流流速越高,水流紊动越剧烈。在测试工况范围内,2号掺气坎上的脉动压力强度系数最大值可达0.02,3号掺气坎上的最大值可达0.045。相比于1号掺气坎,2号和3号掺气坎水舌底缘的脉动强度对表面粗糙度的变化比较敏感,随着表面粗糙度的增加,坎上脉动压力强度系数持续增大,当表面粗糙度增加至240μm时,脉动压力强度系数相比有机玻璃底板增大

了 $2.0 \sim 2.6$ 倍左右。

当掺气坎的尺寸和表面粗糙度不变时,坎上水流的紊动程度(即壁面脉动压力强度系数)由来流的弗劳德数和水深共同决定。对于每一道掺气设施,其位置高度是固定的,随着来流量的增加,坎前来流断面的水深和流速都是增大的。2 号和 3 号掺气坎位置靠近下游,水深受流量的变化较大,相对而言,流速水头变化较小,来流弗劳德数随着来流量的增大而逐渐减小。受水深和弗劳德数综合作用,两道掺气坎水流紊动程度最高的情况并未出现在最大弗劳德数或最大来流情况,而是分别出现在 $Fr=4.45$ 和 $Fr=6.03$ 的测试工况。

对于同一掺气坎不同挑坎高度,当来流弗劳德数和泄槽表面粗糙度都不变时,脉动压力强度系数与挑坎高度成正比。例如 3 号掺气坎,挑坎高度从 $0.4\mathrm{cm}$ 增至 $0.6\mathrm{cm}$,脉动压力强度系数大概增加了 1.2 倍。

射流水舌底缘的压力脉动程度与水流流态、掺气坎尺寸、壁面粗糙度等密切相关。

2) 通气管风速

各级掺气坎的通气管平均风速结果如图 5-12 ~ 图 5-14 所示。试验测试工况范围内,1 号 ~ 3 号掺气坎通气管风速的范围分别为 $0.9 \sim 2.0\mathrm{m/s}$、$2.0 \sim 3.6\mathrm{m/s}$、$3.4 \sim 6.0\mathrm{m/s}$。同脉动压力强度系数的分布趋势,通气管风速都随着泄槽表面粗糙度的增加而增大,但增长趋势逐渐变缓。

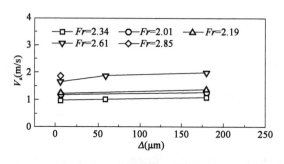

图 5-12　1 号掺气坎通气管平均风速

1 号掺气坎处流速较小、水深较大,坎后空腔内回水基本都回溯到了跌坎处,通气管的有效出口截面减小,同脉动压力强度系数的分布趋势,通气管风速随表面粗糙度的增幅较小。2 号和 3 号掺气坎处通气管风速随表面粗糙度的增长趋势比较明显。越靠近下游,风速增长越多。表面粗糙度从 $6\mu\mathrm{m}$ 增至 $240\mu\mathrm{m}$,在各来流情况及掺气挑坎高度范围内,2 号和 3 号掺气坎的通气管风速最大分别增加了 $1.1\mathrm{m/s}$、$1.4\mathrm{m/s}$。

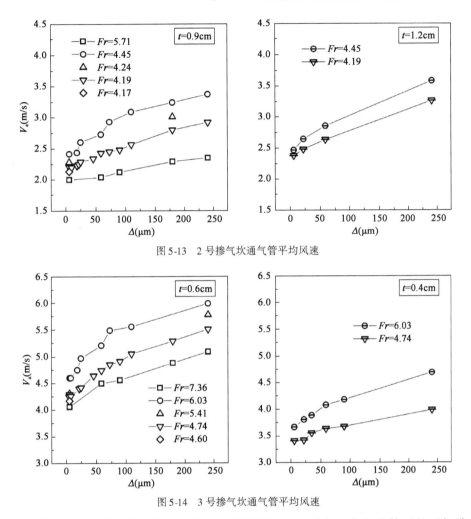

图 5-13　2 号掺气坎通气管平均风速

图 5-14　3 号掺气坎通气管平均风速

　　对于同一掺气设施,随着表面粗糙度的增加,不同来流弗劳德数下的通气孔风速的差值变大,例如挑坎高度为 0.6cm 的 3 号掺气坎,当泄槽底板表面粗糙度为 6μm 时,不同弗劳德数下最大通气管风速是最小风速的 1.13 倍、差值 0.54m/s,而当表面粗糙度增至 240μm 时,不同弗劳德数下的最大风速是最小风速的 1.17 倍、差值 0.90m/s。这表明,弗劳德数对通气管风速的影响会随着水流紊动程度的增加而增大。

　　结合之前对掺气设施掺气量影响因素的分析,掺气量的变化趋势是由水流流量和水流紊动程度共同作用造成的。当壁面粗糙度和掺气坎尺寸固定时,1 号掺气坎来流弗劳德数大致随着来流量的增加而增大,水流流量增加的同时

101

水流整体紊动程度也随之增加,所以其通气管风速的大小与来流弗劳德数成正比;对于 2 号和 3 号掺气坎,随着水流流量的增加,来流弗劳德数逐渐降低、水流逐渐变缓,水体整体紊动程度减弱,在水流流量和水体紊动程度共同作用的情况下,最大掺气量并未出现在水流最急或者水流流量最大的时候,与脉动压力强度系数相同,2 号掺气坎在 $Fr = 4.45$ 时通气管风速最大,3 号掺气坎在 $Fr = 6.03$ 时通气管风速最大。

对于同一掺气坎,除了最大脉动压力强度系数和最大通气管风速出现在同一弗劳德数外,其他来流情况时的脉动压力强度系数和通气管风速的大小并不是对应的。这是由于,虽然受水流紊动程度的影响,但掺气量主要还是由水体总量大小所决定。例如 3 号掺气坎,在 $Fr = 7.36$ 时脉动压力强度系数较大,但由于此时的水流流量很小,水流挟气量有限,通气管风速相对较小。

当来流弗劳德数和泄槽表面粗糙度不变时,通气管风速随着掺气挑坎高度的增加而增大。2 号掺气坎挑坎高度由 0.9cm 增至 1.2cm,通气管风速最大增加了 1.12 倍、0.35m/s;3 号掺气坎挑坎高度由 0.4cm 增至 0.6cm,通气管风速最大增加了 1.37 倍、1.51m/s。同一单宽流量,掺气坎位置越靠近下游,流速越大,挑坎尺寸对掺气量的影响也越大。

3)空腔长度及坎后底板压力

随着来流量的增加,前两道掺气坎后空腔回水范围逐渐增大,1 号掺气坎后空腔内回水较多、基本充满了空腔内部,2 号掺气坎后空腔内部大概产生了 1/3～2/3 范围的回水。3 号掺气坎后空腔比较稳定,没有回水。整体来看,随着粗糙度的增加,空腔内回水范围有减小的趋势。

各级掺气坎后空腔长度的测量结果列于表5-4。1 号和 2 号掺气坎后,受空腔回水的影响,底板上的压力相对不是很稳定,所以其底板压力分布仅用于空腔长度的确定;3 号掺气坎后底板压力稳定,对底板上的最大负压及最大冲击压力进行统计,统计结果见表5-5。

各级掺气坎后空腔长度(中线/边壁)测量结果(单位:cm) 表5-4

序号	Δ (μm)	1 号掺气坎		2 号掺气坎			3 号掺气坎		
		Fr	$t = 1.2$cm	Fr	$t = 0.9$cm	$t = 1.2$cm	Fr	$t = 0.6$cm	$t = 0.4$cm
1	6	2.34	34/33	5.71	72/66	—	7.36	76.5/70	—
	59		33/32		71/67			76/69	
	90		—		70/62			75/65	
	180		31.5/30		70/63			74/67	
	240		—		70/61			74/65	

续上表

序号	Δ(μm)	1号掺气坎		2号掺气坎			3号掺气坎		
		Fr	t=1.2cm	Fr	t=0.9cm	t=1.2cm	Fr	t=0.6cm	t=0.4cm
2	6	2.01	32/30	4.45	69/61	75/68	6.03	76/65	68/59
	8		—		—	—		77/66	—
	19		—		68/59	—		72/63	—
	22		—		—	74/66		—	67/57
	25		—		66/57	—		73/63	—
	35		—		—	—		—	67/59
	59		31.5/30.50		66/58	74/66		75/67	66/59
	73		—		67.5/60.5	—		71/64	—
	90		—		—	—		—	65/58
	110		—		67.5/58	—		74/64	—
	180		31/30		66/58	—		—	—
	240		—		65/57	73/65		72/64	66/57
3	6	2.19	40/35	4.24	67/61	—	5.41	71/62	—
	180		38/38		66/60.5	—		—	—
	240		—		—	—		69/61	—
4	5	2.61	—	4.19	—	—	4.74	78/67	—
	6		52/44.5		68/60	75/66		75/65	68/60
	8		—		—	—		77/67	—
	10		—		68/59	—		—	—
	19		—		68/59	—		—	—
	22		—		67/58	73/62		74/66	68/59
	25		—		67/59	—		75/66.5	—
	35		—		—	—		—	65/56
	46		—		66/57	—		74/65	—
	59		51/46		68/58	75/66		74/65	66/60
	73		—		66/56	—		74/67	—
	90		—		66/57	—		75/66	64/56
	110		—		65/55	—		74/63	—
	180		51/45		65/56	—		71/62	—
	240		—		63/55	73/64		71/61	64/56
5	6	2.85	60/54	4.17	71/64	—	4.6	70/62	—

注:空腔长度的表示形式为,底板中心线空腔长度/边壁空腔长度。

3 号掺气坎后底板压力结果统计

表 5-5

Fr	Δ (μm)	$t = 0.6$cm				$t = 0.4$cm			
		$\Delta p_{max}/\gamma$ (cm)		h_{pmax} (cm)		$\Delta p_{max}/\gamma$ (cm)		h_{pmax} (cm)	
		中线	边线	中线	边线	中线	边线	中线	边线
7.36	6	−0.6	−0.5	13.2	8.2	—	—	—	—
	59	−0.7	−0.4	13.3	7.6	—	—	—	—
	90	−0.6	−0.5	13	7.7	—	—	—	—
	180	−0.9	−0.5	12.1	7.3	—	—	—	—
	240	−0.9	−0.4	12.3	7.6	—	—	—	—
6.03	6	−0.8	−0.8	33.5	23.8	−0.4	−0.3	29.6	27.6
	8	−0.9	−1	32	24.8	—	—	—	—
	19	−0.8	−0.8	31.8	23.6	—	—	—	—
	22	—	—	—	—	−0.5	−0.4	29.3	27.4
	25	−1.1	−0.8	31.9	22.4	—	—	—	—
	35	—	—	—	—	−0.6	−0.5	28.7	26.2
	59	−1	−1.1	27.1	22.7	−0.7	−0.4	28.1	25.8
	73	−0.9	−0.7	27.8	21.2	—	—	—	—
	90	—	—	—	—	−0.7	−0.6	28.6	24.6
	110	−1.1	−0.8	26.3	20.8	—	—	—	—
	240	−1.1	−0.8	26.3	19	−0.7	−0.4	27.7	24.4
5.41	6	−1.3	−0.8	38.1	31.9	—	—	—	—
	240	−1.4	−0.8	36.3	30.6	—	—	—	—
4.74	5	−0.9	−1.2	45.8	38.7	—	—	—	—
	6	−1.4	−1.4	44.1	39.7	−0.6	−0.5	45.6	38.7
	8	−0.9	−1.2	44.4	37.2	—	—	—	—
	22	−1.4	−1.4	43.3	36.7	−0.7	−0.5	43.1	38.3
	25	−1.4	−1.4	42.5	35.2	—	—	—	—
	35	—	—	—	—	−0.9	−0.7	42.8	37.8
	46	−1.1	−1.2	42.8	36.1	—	—	—	—
	59	−0.9	−1	42.6	35.9	−1	−0.7	41.1	39.8
	73	−1.2	−1.3	41.7	35.2	—	—	—	—
	90	−1.5	−1.3	41.8	35.7	−0.8	−0.6	40.8	40.5

续上表

Fr	Δ (μm)	$t=0.6$cm				$t=0.4$cm			
		$\Delta p_{max}/\gamma$（cm）		h_{pmax}（cm）		$\Delta p_{max}/\gamma$（cm）		h_{pmax}（cm）	
		中线	边线	中线	边线	中线	边线	中线	边线
4.74	110	−1.4	−1.3	40.5	34.5	—			
	180	−1.6	−1.2	40.6	34.7	—			
	240	−1.6	−1.1	40.6	34.9	−0.8	−0.8	40.1	36.6
4.6	6	−1.6	−1.2	43.7	39.3	—			
极值位置 （坎后距离:cm）		3号−12	3号−02	3号−82~ 3号−87	3号−82	3号−12	3号−02	3号−72~ 3号−77	3号−72

由表5-4可以看出,中线空腔长度明显大于边壁,随着掺气坎位置和来流量的不同,中线空腔大概比边壁长1~11cm左右。当来流条件和掺气坎尺寸不变时,随着表面粗糙度的增加,空腔长度总体上有减小的趋势,表面粗糙度从6μm增至240μm,各级掺气坎后的空腔长度大致减小了4%~6%左右。在来流条件和表面粗糙度相同时,空腔长度也随着挑坎高度的增加而增大,2号掺气坎挑坎高度从0.9cm增至1.2cm、3号掺气坎挑坎高度从0.4cm增至0.6cm,空腔长度均大致增加了10%左右。

分析3号掺气坎后的底板压力分布(表5-5),中线上的最大空腔负压和最大冲击压力一般都要大于边线。随着来流量的增加,空腔负压和冲击压力明显增大,底板上出现的最大负压水头为−1.6cm。中线上的最大负压一般出现在掺气坎后12cm测点的位置,边线最大负压一般出现在掺气坎后2cm测点的位置、即通气管出口处。在通气管出口横截面,由于两侧通气管对称向空腔内部补气,中线上靠近掺气坎的测点处由于气体的有效补充负压相对较小,然后随着气流扩散,中线负压沿程增大,相比边线,中线最大负压出现在相对靠后的位置。

当来流条件和掺气坎尺寸固定时,空腔负压分布会随着泄槽表面粗糙度的变化而变化,总体上随粗糙度的增加呈增大趋势。表面粗糙度从6μm增至240μm,空腔底板上的最大负压大致增加了30%~70%。随着掺气坎尺寸的增大,射流水舌挑离掺气坎的高度增加,坎后的空腔负压也随之增加,挑坎高度从0.4cm增至0.6cm,空腔底板最大负压大致增加了2倍。

由于掺气坎后的空腔长度随来流量和表面粗糙度的变化不是很大,基本上在10cm范围内,所以各情况下射流水舌在底板上的最大冲击压力点的位置也比较接近。挑坎高度为0.6cm时,中线最大冲击点出现在掺气坎后82~87cm

的测点之间,边线最大值出现在坎后 82cm 测点处;挑坎高度为 0.4cm 时,中线最大冲击点出现在掺气坎后 72 ~ 77cm 的测点之间,边线最大值出现在坎后 72cm 测点处。最大冲击点的位置远大于根据射流水舌下缘轨迹判定的空腔长度,中线最大冲击点的位置大概在水舌下缘落点之后 10 ~ 15cm,边线最大冲击点与水舌下缘落点距离相对较小,在 10cm 之内。

中线和边线最大冲击压力水头分别为掺气坎顶来流水深的 2.2 ~ 2.8 倍、1.6 ~ 2.2 倍。当来流条件和掺气坎尺寸不变时,随着泄槽表面粗糙度的增加,空腔长度略微减小,理论上最大冲击点位置也应该略微向前移动,但由于测点布置间距为 5cm、相对较疏,并不能完全捕捉到冲击点的具体位置,所以最大冲击压力出现的测点位置变化不大。随着表面粗糙度的增加,测点的最大冲击压力水头减小,这是由于最大冲击点向前移动造成的,并不代表水舌实际的最大冲击压力减小。

5.3 掺气比与水流紊动程度的关系

根据实测通气管风速可求得掺气设施的掺气比,由于 1 号掺气坎后空腔回水较多、射流水舌呈非自由状态,仅对 2 号和 3 号掺气坎进行分析。各级掺气坎的掺气比与单宽流量的关系如图 5-15 所示,与原观掺气比的分布规律一致,试验掺气比都随着单宽来流量的增加而减小。随着泄槽表面粗糙度的增加,掺气比不断增大,且对于同一掺气设施,挑坎高度越大、掺气比受表面粗糙度的影响越明显。

分析表面粗糙度与水流紊动程度的关系,考虑表面粗糙度引起的水流紊动程度变化对掺气比的影响,寻求掺气比与水流紊动程度的定量关系。

5.3.1 表面粗糙度与水流紊动程度的关系

根据前人的研究成果,水舌底缘的法向紊动流速与水流的摩阻流速成一定比例关系,Glazov[175] 在一定假设的前提下通过理论推导得水舌底缘的法向紊动流速均方根与水流的摩阻流速 u_* 满足:

$$u = 1.36u_* \tag{5-5}$$

在明渠均匀流中,摩阻流速 $u_* = \sqrt{gRJ}$,联立谢才公式和曼宁公式可得:

$$u_* = \frac{nv_0}{R^{1/6}}\sqrt{g} \tag{5-6}$$

式中,n 为壁面糙率;R 为水力半径。

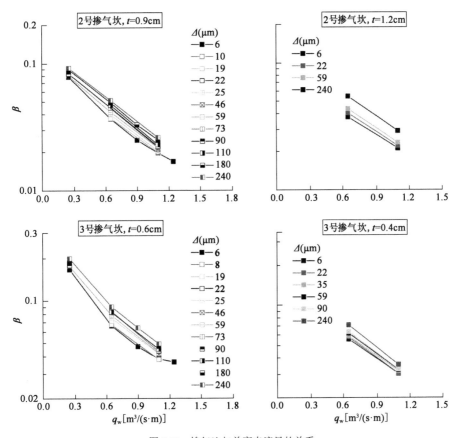

图 5-15 掺气比与单宽来流量的关系

根据参考文献[159],壁面糙率可由壁面粗糙度 Δ 根据以下关系式求得[176]:

$$n = \frac{-0.103252 \cdot D^{1/6}}{\left(\ln \dfrac{\Delta}{D} - 1.3139 \right)} \qquad (5\text{-}7)$$

式中,D 为水力直径,$D = 4R$。壁面粗糙度是绝对量,由于来流水力参数的不同,同一壁面粗糙度在不同来流情况时对应的壁面糙率是不同的。

根据式(5-5)~式(5-7),已知壁面粗糙度和掺气坎前的来流水力参数,即可求得水舌底缘的法向紊动流速,从而得知水流的紊动程度。表面粗糙度与水流紊动程度的关系如图5-16所示。

可以看出,水流紊动程度随着壁面粗糙度的增加而增大,但增长趋势逐渐变

107

缓。对于同一掺气坎,随着单宽流量增加、坎前来流弗劳德数降低,同一壁面粗糙度对应的水流紊动程度减小;对于同一单宽流量,掺气坎位置越靠下游、坎前来流弗劳德数越大,同一粗糙度对应的水流紊动程度越大。水流紊动程度与来流水力特性、壁面粗糙度等都有关系。

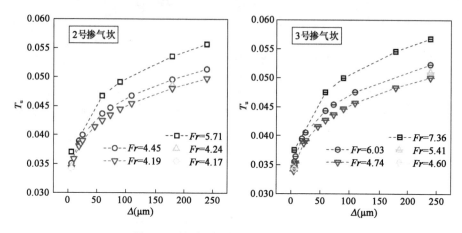

图 5-16　表面粗糙度与水流紊动程度的关系

5.3.2　掺气比与水流紊动程度的关系

图 5-17 列出了 2 号和 3 号掺气坎掺气比随水流紊动程度的变化趋势,可以看出,掺气比都随着水流紊动程度的增加而增大,在泄槽表面增加粗糙度提高水流紊动程度,可有效增加水流的挟气能力。根据图中的分布趋势,水流紊动程度对掺气比的影响近似是线性的。但弗劳德数不同,掺气比的增长趋势略有不同。将掺气比与水流紊动程度的关系用以下方程表示:

$$\beta = eT_\text{u} + f \qquad\qquad (5\text{-}8)$$

式中,e、f 为常数项。f 为泄槽表面是光滑有机玻璃板时的掺气比,可通过模型试验测得或根据已有的掺气量经验公式计算获得;e 的大小与来流水力参数和掺气坎尺寸有关。上式的适用条件为 $6\,\mu\text{m} \leqslant \Delta \leqslant 240\,\mu\text{m}$。

不同来流条件时,各级掺气坎系数 e 的取值列于表 5-6。当掺气坎尺寸固定,系数 e 的取值随弗劳德数的增加而增大,说明弗劳德数越大、水流越急,水流紊动程度对掺气比的影响越大。对于不同的挑坎尺寸,挑坎越高,系数 e 的取值越大,说明弗劳德数对系数 e 的影响随挑坎高度的增加而增大。水流紊动程度对掺气比的影响受来流弗劳德数和掺气坎尺寸的影响。

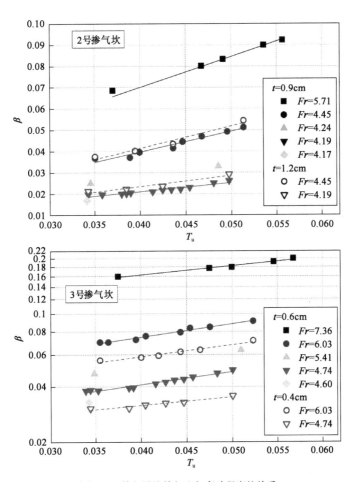

图5-17 掺气设施掺气比与紊动程度的关系

不同来流条件时的系数 e 值   表5-6

项　　目	2 号掺气坎		3 号掺气坎		
Fr	$t = 0.9\text{cm}$	$t = 1.2\text{cm}$	Fr	$t = 0.6\text{cm}$	$t = 0.4\text{cm}$
5.71	1.3862	——	7.36	2.021	——
4.45	0.9732	1.05	6.03	1.3206	0.9344
4.19	0.4217	0.5192	4.74	0.6871	0.3447

　　系数 e 的取值与来流弗劳德数的分布趋势大致呈正相关的线性关系,要确定系数 e 的具体表达式,需要进一步变换更多的掺气坎体型和来流条件,从而丰富取值样本。若确定了掺气比与紊动程度的具体表达式,在已知原型水流紊动

程度的情况下,就可以直接计算原型掺气比。

综上,掺气设施的掺气比与水流紊动程度呈线性关系,所以原模型掺气比的相似性应该与原模型水流紊动程度的相似性一致。若要求原模型掺气量之间的关系,需要进一步探求原模型水流紊动之间的关系。在弗劳德相似模型中,原型和模型水流流速满足弗劳德相似律,则根据水流紊动程度的定义,需要进一步探求原模型射流水舌底缘法向紊动流速的相似性。

5.4 本章小结

本章主要对掺气设施掺气量在物理模型中的模拟情况进行了研究,基于部分工程原型和模型掺气量的对比,分析了模型比尺对原模型掺气比的影响,然后为提高模型掺气量,采用加糙增紊的方法提高水流紊动度。试验研究了局部加糙对掺气相关水力参数的影响,然后通过表面粗糙度与水流紊动程度的转化,探索了水流紊动程度和掺气比的关系。具体结论如下:

(1)模型掺气量按弗劳德相似律转换的结果比原型掺气量小得多,缩尺效应明显。掺气量的缩尺效应,不仅与模型比尺密切相关,还受来流条件和掺气设施体型的影响。原模型掺气比随模型比尺的变化是非线性的,模型比尺越大,原模型掺气比越小,当模型比尺 $Lr \geq 1:10$ 时,模型掺气量和原型比较接近。关于模型掺气量到原型的引申,目前还没有公认可行的方法。

(2)增加泄槽表面粗糙度,提高模型水流的紊动程度,可以减小模型和原型中紊流结构的不相似水平,从而提高模型掺气量。模型加糙后,坎上脉动压力的幅值范围和主频都会增大,脉动压力强度系数随着泄槽表面粗糙度的增加而增大,当表面粗糙度增至 $240\mu m$ 时,脉动压力强度系数相比有机玻璃底板增大了 $2.0 \sim 2.6$ 倍左右。通气管风速也随着泄槽表面粗糙的增加而增大,表面粗糙度从 $6\mu m$ 增至 $240\mu m$,2 号和 3 号掺气坎的通气管风速最大分别增加了 $1.1m/s$ 和 $1.4m/s$;弗劳德数对通气管风速的影响会随着水流紊动程度的增加而增大,弗劳德数越大,表面粗糙度对通气管风速的影响越明显;除水流紊动程度外,通气管风速还受来流量的影响,所以脉动压力强度系数和通气管风速的大小并不总是对应的。随着表面粗糙度的增加,空腔长度总体上有减小的趋势,空腔负压总体上呈增大的趋势,表面粗糙度从 $6\mu m$ 增至 $240\mu m$,各级掺气坎后的空腔长度减小了 $4\% \sim 6\%$,空腔底板上的最大负压增加了 $30\% \sim 70\%$。各掺气特征值都随着挑坎高度的增加而增大。

(3)掺气比随着单宽来流量的增加而减小,随着泄槽表面粗糙度的增加而增大。通过表面粗糙度、糙率、摩阻流速、法向紊动流速之间的转化,可建立表面粗糙度与水流紊动程度的关系。水流紊动程度随着壁面粗糙度的增加而增大，且来流弗劳德数越大，同一壁面粗糙度对应的水流紊动程度越大。水流紊动程度对掺气比的影响近似呈正相关的线性关系，线性系数的大小与弗劳德数和掺气坎尺寸有关，弗劳德数越大、掺气挑坎越高，紊动程度对掺气比的影响越大。加糙提高水流的紊动程度，可有效增加掺气设施的掺气量。

（4）掺气设施掺气比与水流紊动程度呈线性关系，则原型和模型中的掺气比与水流紊动程度的相似性一致。要求得原模型掺气量之间的关系，需要进一步探求原模型水流紊动程度之间的关系，即射流水舌底缘法向紊动流速的相似性。

第6章 泄洪洞多洞供气系统通风特性研究

泄水建筑物掺气设施的减蚀效果,不仅与掺气设施布置方式有关,也与供气系统能否向泄洪洞内部顺利通气以供水流掺气使用密切相关。通过供气系统通风特性研究,优化供气系统布设方式以减小工程造价,具有重要的实际意义。已有的理论研究工作一般是基于单个补气洞开展的,尚未系统开展过包含多个补气洞的供气系统的通风特性理论分析研究工作。许多已建、在建或待建的高库大坝泄洪洞往往采用的是包含多个补气洞的供气系统,这方面的研究将对多洞供气系统结构优化布设具有重要的实际意义。

本章介绍了锦屏一级泄洪洞供气系统的原型观测结果,然后,基于气动平衡和质量守恒定理,建立了多洞供气系统通风特性理论分析方法。最后,以锦屏一级泄洪洞为例,研究了泄洪洞及补气洞结构因素对供气系统通风特性的影响。

6.1 锦屏一级泄洪洞供气系统原型观测

锦屏一级泄洪洞封闭式供气系统由 3 个补气洞组成,通过开展原型观测,从风速、噪声、通风量等方面分析供气系统的通风特性,从而评价供气系统的通风效果。补气洞具体布置及其体型详见图 2-14,补气洞内测点布置详见图 6-1。

6.1.1 补气洞内风速和噪声

1)边墙附近平均风速

每条补气洞都选择了两个截面来测量边墙附近的平均风速,一共布置了 8 个测点(Fg 系列),其中 1 号和 2 号补气洞内各布置了 3 个,3 号补气洞内布置了 2 个。平均风速采用毕托管接差压传感器测量,实测补气洞内边墙附近的平均风速结果如图 6-2 所示。

边墙附近的平均风速随着来流量的变化而变化,当泄洪洞内水流流量从 297 增至 3200m³/s,1 号 ~ 3 号补气洞内边墙处的平均风速分别为 12.3 ~ 61.1m/s、20.1 ~ 88.6m/s 和 17.9 ~ 80.4m/s。当流量小于 2130m³/s 时,3 条补气洞边墙附近的平均风速随来流量变化的趋势相同,都随着水流流量的增大而增大。然而,当流量大于 2130m³/s 时,平均风速的变化趋势变得不一样:随着水流流量的增加,1 号补气洞边墙附近的平均风速稍有减小,2 号补气洞的平均风速基本持平,3 号补气洞的平均风速仍然持续增大。

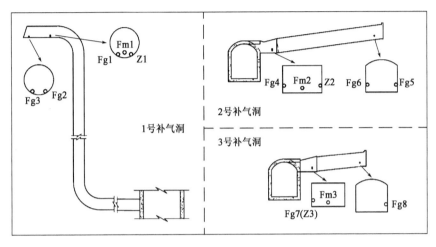

图 6-1　补气洞内原观测点布置

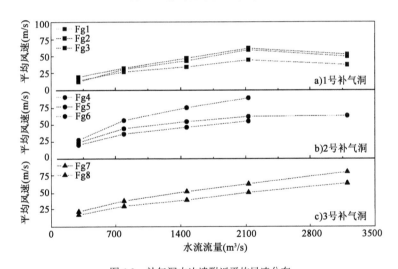

图 6-2　补气洞内边墙附近平均风速分布

补气洞的第一个测量截面均选择在补气洞进口附近,由于进口设置在山坡上、受地形影响,进口边墙附近可能会产生漩涡,导致风速的不均匀分布,所以补气洞进口附近两侧的风速不对称(例如,1 号补气洞的测点 Fg2 和 Fg3,2 号补气洞的测点 Fg5 和 Fg6)。1 号补气洞的第二个截面设置在平洞段,与其第一个截

面比较接近,所以两个截面相同位置测点的平均风速值比较接近(例如测点 Fg1
和 Fg3)。2 号补气洞和 3 号补气洞的第二个截面设置在洞子出口附近,位于补
气洞体型渐变段(由方形截面 6m×6m 渐变为矩形截面 9m×4m)。在这两条洞
子内部,其两个测量截面相同位置测点的平均风速值相差较大(例如测点 Fg4
和 Fg6,测点 Fg7 和 Fg8)。根据连续性方程,当进气量一定的时候,洞内平均风
速的大小主要受洞子截面尺寸的影响。2 号、3 号补气洞的两个测量截面尺寸相
差不多,但由于补气洞出口附近体型的渐变,使得洞内气流重新分布,截面横向
风速分布不均匀,位于边墙上的测点实测到的风速并不能完全代表断面的平均风
速。所以,在 2 号和 3 号补气洞内,其进口和出口附近的实测风速值会相差较多。

2)截面中心脉动风速

脉动风速可用来反映洞内气流的脉动程度,三条补气洞在其截面中心各布置了
一个测点来测量脉动风速(Fm 系列),脉动风速采用脉动风速仪来测量,采样频率为
32Hz。典型洞内脉动风速时程线和功率谱密度如图 6-3a)和图 6-3b)所示。脉动风
速的幅值分布是随机的,脉动能量主要集中在低频区域、大致分布在 0～10Hz 以内。

脉动风速的强度通常用脉动风速均方根来表示,实测脉动风速的均方根如
图 6-3c)所示。随着来流量的变化,1 号补气洞和 2 号补气洞内的脉动风速均方
根值在 2.1～5.0m/s 之间,而 3 号补气洞的脉动风速均方根值较大、最大可达
8.6m/s。补气洞内气流的脉动程度与泄洪洞内水流的紊动程度密切相关,相对
前两条补气洞,3 号补气洞位置靠近下游,水流流速较大、水体表面紊动程度较
高。可以看出,泄洪洞内的水流紊动水平越高,补气洞内的气流脉动程度越大。

瞬时风速测点布置在截面中心,其时均值可作为截面中心的平均风速,瞬时
风速时均值的分布如图 6-3d)所示。比较图 6-2 和图 6-3d),每条补气洞内截面
边缘和截面中心的平均风速与水流流量的分布趋势是一致的。对于 1 号和 2 号
补气洞,其截面中心平均风速要大于边缘平均风速,而对于 3 号补气洞,其截面
中心平均风速略小于边缘平均风速。分析其原因,在 3 号补气洞出口附近,水流
流速大、水体表面紊动程度高,使得补气洞出口附近的气流风速分布更加不均匀。

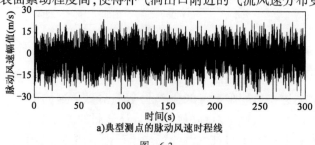

a)典型测点的脉动风速时程线

图 6-3

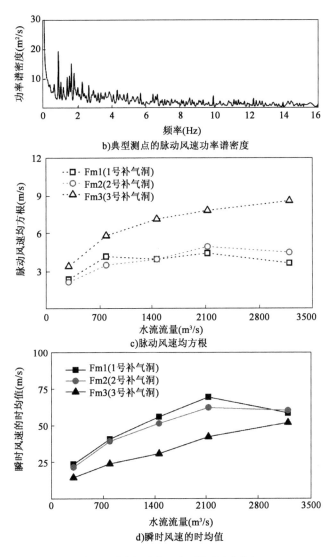

b)典型测点的脉动风速功率谱密度

c)脉动风速均方根

d)瞬时风速的时均值

图6-3　补气洞内截面中心脉动风速分布

3)噪声

每条补气洞内各布置了一个噪声测点(Z系列),现场实测噪声的声压级如图6-4所示。当流量小于2130m³/s时,3条补气洞内噪声的声压级都随着水流流量的增大而增大;但是,随着流量的继续增大,3号补气洞的噪声声压级持续增加,而1号补气洞的噪声声压级却稍有减小,这与风速随水流流量的分布趋势是一致的。当来流量大于 791m³/s 时,所有补气洞内的噪声声压级都超过了 100dB,最大值可达 120dB。人类若长期暴露在声压级超过 120dB 的环境下,会造成瞬时听力损失[177],补气洞内较高的噪声水平可能会影响到周围工作人员的行为和健康。

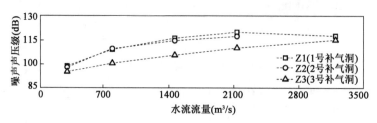

图 6-4 补气洞噪声与水流流量的关系

6.1.2 补气洞通风量

鉴于脉动风速测点更接近断面中心,采用瞬时风速的时均值来计算补气洞通风量。三个补气洞的通风量结果如图 6-5 所示。三个补气洞的总通风量随着来流量的增加而增大,但增长趋势是逐渐变缓的,各补气洞通风量随水流流量的变化趋势与其风速一致。

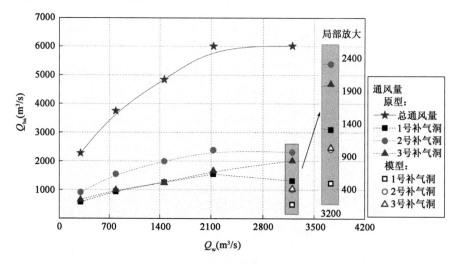

图 6-5 补气洞通风量与水流流量的关系

补气洞内风速及通风量的这种变化是由泄洪洞洞顶余幅的变化所引起的。在水流拖曳力的作用下,空气经由补气洞进入泄洪洞内部。一般情况下,来流流量越大,进入补气洞的空气量应该也越多。然而,补气洞的供气量还会受到补气洞截面和泄洪洞洞顶余幅的制约。当来流流量不是很大的时候，泄洪洞内的水深比较浅，此时，补气洞的供气主要受水流流量和补气洞截面尺寸的影响，洞顶余幅的影响相对较弱，所以当流量小于 $2130\text{m}^3/\text{s}$ 时，补气洞的通风量都随着流量的增大而增大。当来流流量比较大的时候，泄洪洞无压段的水深变大，洞顶余幅减小，虽然较大的流量可以提供较大的水流拖曳力，但是补气洞的供气会受到变窄的洞顶余幅的制约。无压上平段水深受水流流量的影响最敏感，龙落尾段由于底坡较大、水深受水流流量的影响越来越弱。1 号和 2 号补气洞的出口位置相对比较靠近上游，水深受流量的影响较大，当流量大于 $2130\text{m}^3/\text{s}$ 时，洞内水深较大，而洞顶余幅较小，补气洞通风量受洞顶余幅的制约而不再增大。3 号补气洞出口位置相对靠下，水流流量对水深的影响相对较小，则洞顶余幅的变化也较小，所以洞内的风速会继续增大。补气洞的通风量不仅与来流水力特性相关，当水深增大到一定程度后，还会受到洞顶余幅的制约。

图 6-5 中的局部放大图，列出了水流流量为 $3200\text{m}^3/\text{s}$ 时的原型和模型（ $Lr=1:30$ ）补气洞通风量。可以看出，模型试验按弗劳德相似律引申的结果比原型实测通风量小得多，原型结果大概是模型的 2 倍左右，缩尺效应明显。这是由于传统的重力相似模型不能准确反映水流的紊动水平导致的。

总体上，锦屏一级泄洪洞供气系统进气顺畅、通气效果良好。

6.1.3　已有单洞通风量公式的适用性

如前所述，已有的供气系统通风量计算公式基本上都是针对单补气洞明流泄水管道。采用锦屏一级泄洪洞 1 号补气洞实测数据来对典型单洞通风量计算公式[高又生理论公式（1-28）、罗慧远经验公式（1-37）和陈肇和经验公式（1-38）]的适用性进行验证。罗惠远、陈肇和等人基于原观提出的经验公式（1-37）和公式（1-38），现被《水利水电工程钢闸门设计规范》（SL 74—2013）[178]和《水工隧洞设计规范》（SL 279—2016）[179]所推荐采用。表 6-1 列出了各公式系数的取值，计算结果如图 6-6 所示。

计算公式经验系数取值　　　　　　　　　　表 6-1

Q_w	高又生理论公式（1-28）						陈肇和经验公式（1-38）				
（m^3/s）	v_w	A_a	a	L	h_a	ζ	$Fr_门$	L/h	k_1	k_2	k_3
793	22.44	170.4	21.24	505	14.25	0.62	4.32	50.06	1.170	0.182	−0.019
1462	20.26	134.7	21.24	505	11.5	0.62	2.76	50.06	1.170	0.182	−0.019
2130	19.84	98.9	21.24	505	8.75	0.62	2.20	50.06	1.170	0.182	−0.019
3200	22.63	63.2	21.24	505	6.00	0.62	2.18	50.06	1.170	0.182	−0.019

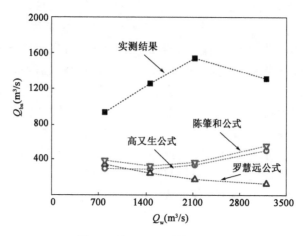

图 6-6　单洞通风量计算公式验证

如图 6-6 所示,无论是理论公式还是经验公式的计算结果都要比原型实测值小得多。当泄洪洞无压段长度较大时,一般需要设置多个补气洞,由于已有的单洞通风量计算公式并不适用于多洞供气系统的计算,所以有必要开展多洞供气系统的通风特性研究。

6.2　多洞供气系统通风特性理论分析方法

对供气系统通风特性进行理论分析,可从宏观角度揭示水力条件及结构布置等因素影响通风特性的机理,快速把握不同水力条件及结构布置方式下的通气特性,实现供气系统结构优化布置。

多补气洞供气系统(简称为多洞供气系统)相比于单一补气洞供气系统(简称为单洞供气系统)而言,最大的区别在于气源形式的不同,由单洞单一集中形式变成了多洞多路分散形式。有必要从理论角度分析研究气源形式的改变对供气系统通风特性的影响。

6.2.1　理论方程构建

多洞供气系统气流流向示意图如图 6-7 所示。气流从补气洞进入泄洪洞后大部分在洞顶余幅空间流动,小部分通过水面自掺气或掺气设施强迫掺气进入水流,进入水流的气体少部分会滞留在水体中,而大部分仍会溢出回归到洞顶余幅空间。气流受水流拖曳力、壁面摩阻力,以及入口和出口的气压三者作用。当气流流经路线较长时,可将气流简化为一维流动,取微元段进行受力分析。在泄洪洞与补气洞交叉处的气流汇入位置(如图中虚线圆圈Ⅰ、Ⅱ所标注部位)、掺气坎气流分流位置(如图中虚线圆圈Ⅲ所标注部位)及泄洪洞末端气流出口位置(如图中虚线圆圈Ⅳ所标注部位)等节点位置上需要满足一定约束条件。节点位置外的中间部分则可作为渐变气流微元段(如图中虚线矩形框Ⅴ所标注微段)进行受力分析。

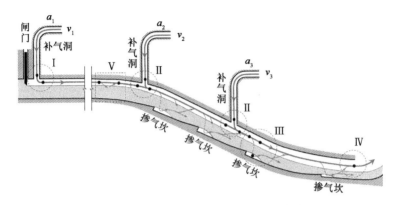

图6-7 泄洪洞多洞供气系统气流流向示意图

假定气流密度沿程基本不变,通过对补气洞构建伯努利方程,可得到补气洞末端风速 v_h 及补气洞内外压差 p_h 关系:

$$p_h = -\frac{1}{2}\rho_a\left(1 + \lambda\frac{l}{d} + \sum\zeta\right)v_h^2 \tag{6-1}$$

式中,ρ_a 为空气密度;λ 为沿程阻力系数;l 为补气洞长度;d 为补气洞直径或等效直径;ζ 为总的局部阻力系数,主要包括由于补气洞截面扩、缩及轴线偏转引起的局部阻力系数 ζ_k、ζ_s、ζ_z。

根据补气洞气流汇入相对位置的不同,气流汇入节点可区分为端部气流汇入节点[图6-8a)]和中间部位气流汇入节点[图6-8b)]。根据气流能量方程及质量守恒定律,端部气流汇入节点位置补气洞末端风速 v_h、气压 p_h 与泄洪洞内风速 v_t、气压 p_t 应满足如下关系:

$$p_h + \frac{1}{2}\rho_a v_h^2 - (\zeta_w + \zeta_k)\frac{1}{2}\rho_a v_h^2 = p_t + \frac{1}{2}\rho_a v_t^2 \tag{6-2}$$

$$v_h a = v_t A_a \tag{6-3}$$

式中,a 为补气洞面积;A_a 为泄洪洞洞顶余幅空间面积,可表示为泄洪洞宽度 b 与洞顶余幅高度 h_a 的函数,对于矩形截面有 $A_a = bh_a$。

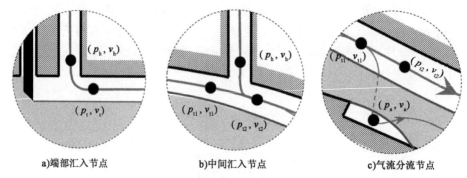

a)端部汇入节点   b)中间汇入节点   c)气流分流节点

图 6-8 气流汇入节点及气流分流节点

同理,可以得到中间部位气流汇入节点位置补气洞末端风速 v_h、气压 p_h 与泄洪洞上下游端面风速 v_{t1}、v_{t2} 及气压 p_{t1}、p_{t2} 关系表达式:

$$p_h + \frac{1}{2}\rho_a v_h^2 - (\zeta_w + \zeta_k)\frac{1}{2}\rho_a v_h^2 = p_{t2} + \frac{1}{2}\rho_a v_{t2}^2 \tag{6-4}$$

$$p_{t1} + \frac{1}{2}\rho_a v_{t1}^2 - (\zeta_w + \zeta_k)\frac{1}{2}\rho_a v_{t1}^2 = p_{t2} + \frac{1}{2}\rho_a v_{t2}^2 \tag{6-5}$$

$$v_h a + v_{t1} A_{a1} = v_{t2} A_{a2} \tag{6-6}$$

式中,A_{a1}、A_{a2} 分别为泄洪洞上下游端面洞顶余幅空间面积。

对于泄洪洞末端气流出口位置,由于气压已回升至大气压,因此有:

$$p_t = 0 \tag{6-7}$$

对于掺气坎气流分流位置[图 6-8c)],掺气坎的通气管末端风速 v_a、气压 p_a 与泄洪洞内上下游断面风速 v_{t1}、v_{t2} 及气压 p_{t1}、p_{t2} 应满足如下关系:

$$p_{t1} + \frac{1}{2}\rho_a v_{t1}^2 - (\zeta_w + \zeta_s)\frac{1}{2}\rho_a v_a^2 = p_a + \frac{1}{2}\rho_a v_a^2 \tag{6-8}$$

$$p_{t1} + \frac{1}{2}\rho_a v_{t1}^2 - (\zeta_w + \zeta_k)\frac{1}{2}\rho_a v_{t1}^2 = p_{t2} + \frac{1}{2}\rho_a v_{t2}^2 \tag{6-9}$$

$$v_{t1} A_{a1} = v_a A + v_{t2} A_{a2} \tag{6-10}$$

式中,其中 A 为掺气坎通气管截面面积。掺气坎掺气量可以通过已有经验公式计算,从而确定通气管内风速;而通气管末端气压则需要根据原观资料开展统计分析大致估算,从而保证方程组的封闭。

对于渐变气流微元段,将其作为隔离体进行分析(图 6-9),考虑水流拖曳力、壁面摩阻力、端部压力三者影响,构建气动方程:

$$p_{t1} + \frac{1}{2}\rho_a v_{t1}^2 + \tau_w \frac{\overline{b}}{\overline{A}_a}\Delta L - \tau_a \frac{\overline{\chi}_a}{\overline{A}_a}\Delta L - (\zeta_w + \zeta_k)\frac{1}{2}\rho_a v_{t1}^2 = p_{t2} + \frac{1}{2}\rho_a v_{t2}^2 \quad (6\text{-}11)$$

$$\tau_w = f_w \cdot \frac{1}{2}\rho_a \left| \overline{v}_w - \overline{v}_t \right| (\overline{v}_w - \overline{v}_t)$$

$$= f_w \cdot \frac{1}{2}\rho_a \left| \frac{v_{w1} + v_{w2}}{2} - \frac{v_{t1} + v_{t2}}{2} \right| \left(\frac{v_{w1} + v_{w2}}{2} - \frac{v_{t1} + v_{t2}}{2} \right) \quad (6\text{-}12)$$

$$\tau_a = f_a \cdot \frac{1}{2}\rho_a \overline{v}_t^2 = f_a \cdot \frac{1}{2}\rho_a \left| \frac{v_{t1} + v_{t2}}{2} \right| \left(\frac{v_{t1} + v_{t2}}{2} \right) \quad (6\text{-}13)$$

式中,$\overline{b}$ 为微元段前后断面位置水平宽度的平均值;$\overline{A}_a$ 为微元段前后断面位置洞顶余幅空间的截面面积平均值;$\overline{\chi}_a$ 为微元段前后断面位置气流与壁面交界线长平均值,可表示为 $\overline{\chi}_a = h_{a1} + h_{a2} + (b_1 + b_2)/2$;$\Delta L$ 为微元段沿流向长度;τ_a、τ_w 分别为壁面摩阻应力、水流拖曳应力;f_a 为壁面摩阻力系数,其与壁面沿程阻力系数 λ 关系为:$f_a = \lambda/4$;f_w 为水流拖曳力系数,由于水流拖曳应力的计算是类比壁面摩阻应力表达形式得出的,f_w 与 f_a 有着相类似的物理意义,但区别在于后者反映的固面对液流的阻碍作用,界面形态不发生改变且界面处无掺混现象发生,前者反映的是流速较快的一种液流界面对流速相对较慢的另一种液流的拖曳作用,界面形态可能存在较大波动且界面处可发生掺混现象。波动的界面形态及可越界掺混现象使得水流拖曳力系数 f_w 的确定比壁面摩阻力系数 f_a 的确定更为困难。以往研究中通常通过拟合原观数据建立 f_w 取值计算的经验公式[132-133]。

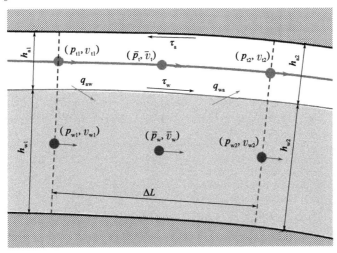

图6-9 泄洪洞内渐变气流微元段受力分析示意图

考虑水流表面自掺气及溢气现象,渐变气流微元段的质量守恒方程为:

$$v_{t1}A_{a1} - q_{aw} + q_{wa} = v_{t2}A_{a2} \tag{6-14}$$

式中,q_{aw} 为微元段内通过水流表面自掺气从洞顶空间进入水体的气流量,q_{wa} 为微元段内从水流中溢出返回洞顶空间的气流量。对于表面自掺气量的计算可适当参照依沙钦科公式[134]进行计算,而对于溢气量的计算目前尚未有比较好的计算方法,可假定通过掺气坎进入水流的一定比例的气体在下游一定区间范围内均匀线性溢出。

至此,所有节点位置的约束方程及微元段气动方程、质量方程构建完毕。水深、流速等为已知参数,可以通过理论计算或物模试验得到。以风速、气压为变量构成的方程组是一个封闭的多元非线性方程组,一般难以求得解析解,可以采用迭代方法进行数值求解。需要指出的是局部阻力系数及水流拖曳力系数等参数对理论分析计算结果影响较大。

6.2.2　理论方程数值求解

不计及表面自掺气、溢气及掺气坎掺气作用的含有 m 个补气洞的泄洪洞系统的简化示意图如图 6-10a)所示。将第 i 个和第 $i+1$ 个补气洞之间的第 i 个泄洪洞支段均分为 n_i(其中 $n_i \geqslant 1$)个微段[图 6-10b)]。

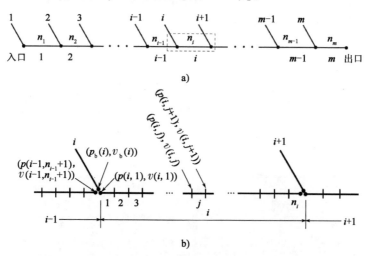

图 6-10　泄洪洞多洞供气系统简化示意图

计第 i 个补气洞内风速为 $v_b(i)$,补气洞末端气压为 $p_b(i)$,补气洞长度为 $l(i)$,等效直径为 $d(i)$,面积为 $a(i)$,局部阻力系数为 $\zeta_b(i)$。对于第 i 个泄洪洞支段内的第 j 个微段,记段前气压和风速分别为 $p(i,j)$、$v(i,j)$,段后气压和风速

分别为 $p(i,j+1)$、$v(i,j+1)$，段内平均水流拖曳应力为 $\tau_{\mathrm{w}}(i,j)$，平均洞壁摩阻应力为 $\tau_{\mathrm{a}}(i,j)$。微段内平均水面宽度为 $\overline{b}(i,j)$，微段内平均气流过流面积(洞顶余幅空间截面积)为 $\overline{A}_{\mathrm{a}}(i,j)$，微元段段前气流过流面积为 $A_{\mathrm{a}}(i,j)$，微元段段后气流过流面积为 $A_{\mathrm{a}}(i,j+1)$，微段内平均气流洞壁交界线场长为 $\overline{\chi}_{\mathrm{a}}(i,j)$，微段长度为 $\Delta L(i,j)$，微段内局部水头损失系数为 $\zeta(i,j)$。计第 i 个补气洞与泄洪洞的交叉口处，气流从补气洞汇入的局部损失系数为 $\zeta_{\mathrm{bx}}(i)$，气流从第 $i-1$ 个泄洪洞支段末汇入第 i 个泄洪洞支段初的局部损失系数为 $\zeta_{\mathrm{xx}}(i)$。

以上变量中，除泄洪洞微元段气压、风速和补气洞内风速及末端气压外，其他参量均为已知参量。以泄洪洞微元段气压、风速和补气洞内风速及末端气压构成未知数向量 X，则 X 可表示为：

$$X = \left[p(1) ; \cdots ; p(i) ; \cdots ; p(m) ; v(1) ; \cdots ; v(i) ; \cdots ; v(m) ; p_{\mathrm{b}}(1) ; \cdots ; \right.$$
$$\left. p_{\mathrm{b}}(i) ; \cdots ; p_{\mathrm{b}}(m) ; v_{\mathrm{b}}(1) ; \cdots ; v_{\mathrm{b}}(i) ; \cdots ; v_{\mathrm{b}}(m) \right] \tag{6-15}$$

其中，

$$\left. \begin{aligned} p(i) &= \left[p(i,1) ; p(i,2) ; \cdots ; p(i,n_i+1) \right] \\ v(i) &= \left[v(i,1) ; v(i,2) ; \cdots ; v(i,n_i+1) \right] \end{aligned} \right\} \tag{6-16}$$

对于第 i 个泄洪洞支段内的第 j 个微段，由于微段为渐变气流微段，根据渐变气流微段的气动方程及质量守恒方程有：

$$p(i,j) + \frac{1}{2}\rho_{\mathrm{a}}v^2(i,j) + \tau_{\mathrm{w}}(i,j)\frac{\overline{b}(i,j)}{A_{\mathrm{a}}(i,j)}\Delta L(i,j) - \tau_{\mathrm{a}}(i,j)\frac{\overline{\chi}_{\mathrm{a}}(i,j)}{A_{\mathrm{a}}(i,j)}\Delta L(i,j) -$$

$$\zeta(i,j)\frac{1}{2}\rho_{\mathrm{a}}v^2(i,j) = p(i,j+1) + \frac{1}{2}\rho_{\mathrm{a}}v^2(i,j+1) \tag{6-17}$$

$$v(i,j)A_{\mathrm{a}}(i,j) = v(i,j+1)A_{\mathrm{a}}(i,j+1) \tag{6-18}$$

令：

$$f_{(i,2j-1)}(X) = p(i,j) + \frac{1}{2}\rho_{\mathrm{a}}v^2(i,j) + \tau_{\mathrm{w}}(i,j)\frac{\overline{b}(i,j)}{A_{\mathrm{a}}(i,j)}\Delta L(i,j) -$$

$$\tau_{\mathrm{a}}(i,j)\frac{\overline{\chi}_{\mathrm{a}}(i,j)}{A_{\mathrm{a}}(i,j)}\Delta L(i,j) - \zeta(i,j)\frac{1}{2}\rho_{\mathrm{a}}v^2(i,j) -$$

$$p(i,j+1) - \frac{1}{2}\rho_{\mathrm{a}}v^2(i,j+1) \tag{6-19}$$

$$f_{(i,2j)}(X) = v(i,j)A_{\mathrm{a}}(i,j) - v(i,j+1)A_{\mathrm{a}}(i,j+1) \tag{6-20}$$

对于第 i 个补气洞与泄洪洞的交叉口,当 $i \neq 1$ 时,根据式中间部位气流汇入节点公式及补气洞风速气压公式(6-1),有:

$$p_b(i) = -\frac{1}{2}\rho_a \left(1 + \lambda \frac{l(i)}{d(i)} + \zeta_b(i)\right)v_b^2(i) \qquad (6\text{-}21)$$

$$p_b(i) + \frac{1}{2}\rho_a v_b^2(i) - \zeta_{bx}(i)\frac{1}{2}\rho_a v_b^2(i) = p(i,1) + \frac{1}{2}\rho_a v^2(i,1) \qquad (6\text{-}22)$$

$$p(i-1,n_{i-1}+1) + \frac{1}{2}\rho_a v^2(i-1,n_{i-1}+1) -$$

$$\zeta_{xx}(i-1,n_{i-1}+1)\frac{1}{2}\rho_a v^2(i-1,n_{i-1}+1) = p(i,1) + \frac{1}{2}\rho_a v^2(i,1) \qquad (6\text{-}23)$$

$$v_b(i)a(i) + v_b(i-1,n_{i-1}+1)A_a(i-1,n_{i-1}+1) = v(i,1)A_a(i,1) \qquad (6\text{-}24)$$

令:

$$f_{c(i,1)}(X) = p_b(i) + \frac{1}{2}\rho_a \left(1 + \lambda \frac{l(i)}{d(i)} + \zeta_b(i)\right)v_b^2(i) \qquad (6\text{-}25)$$

$$f_{c(i,2)}(X) = p_b(i) + \frac{1}{2}\rho_a v_b^2(i) - \zeta_{bx}(i)\frac{1}{2}\rho_a v_b^2(i) - p(i,1) - \frac{1}{2}\rho_a v^2(i,1)$$

$$(6\text{-}26)$$

$$f_{c(i,3)}(X) = p(i-1,n_{i-1}+1) + \frac{1}{2}\rho_a v^2(i-1,n_{i-1}+1) -$$

$$\zeta_{xx}(i-1,n_{i-1}+1)\frac{1}{2}\rho_a v^2(i-1,n_{i-1}+1) - p(i,1) - \frac{1}{2}\rho_a v^2(i,1)$$

$$(6\text{-}27)$$

$$f_{c(i,4)}(X) = v_b(i)a(i) + v(i-1,n_{i-1}+1)A_a(i-1,n_{i-1}+1) - v(i,1)A_a(i,1)$$

$$(6\text{-}28)$$

当 $i = 1$ 时,根据端部气流汇入节点公式及补气洞风速气压公式有:

$$p_b(1) = -\frac{1}{2}\rho_a \left(1 + \lambda \frac{l(1)}{d(1)} + \zeta_b(1)\right)v_b^2(1) \qquad (6\text{-}29)$$

$$p_b(1) + \frac{1}{2}\rho_a v_b^2(1) - \zeta_{bx}(1)\frac{1}{2}\rho_a v_b^2(1) = p(1,1) + \frac{1}{2}\rho_a v^2(1,1) \qquad (6\text{-}30)$$

$$v_b(1)a(1) = v(1,1)A_a(1,1) \qquad (6\text{-}31)$$

令：

$$f_{c(1,1)}(X) = p_b(1) + \frac{1}{2}\rho_a \left(1 + \lambda\frac{l(1)}{d(1)} + \zeta_b(1)\right)v_b^2(1) \tag{6-32}$$

$$f_{c(1,2)}(X) = p_b(1) + \frac{1}{2}\rho_a v_b^2(1) - \zeta_{bx}(1)\frac{1}{2}\rho_a v_b^2(1) - p(1,1) - \frac{1}{2}\rho_a v^2(1,1) \tag{6-33}$$

$$f_{c(1,3)}(X) = v_b(1)a(1) - v(1,1)A_a(1,1) \tag{6-34}$$

对于泄洪洞末端出口处有：

$$p(m, n_m + 1) = 0 \tag{6-35}$$

令：

$$f_e(X) = p(m, n_m + 1) \tag{6-36}$$

$$F(X) = \left[f_{c(1)}(X); f_{(1)}(X); \cdots; f_{c(i)}(X); f_{(i)}(X); \cdots f_{c(m)}(X); f_{(m)}(X); f_e(X)\right] \tag{6-37}$$

其中，

$$f_{c(i)}(X) = \begin{cases} \left[f_{c(1,1)}(X); f_{c(1,2)}(X); f_{c(1,3)}(X)\right], & i = 1 \\ \left[f_{c(i,1)}(X); f_{c(2)}(X); f_{c(i,3)}(X); f_{c(i,4)}(X)\right], & i \neq 1 \end{cases} \tag{6-38}$$

$$f_{(i)}(X) = \left[f_{(i,1)}(X); f_{(i,2)}(X); \cdots; f_{(i,2n_i-1)}(X); f_{(i,2n_i)}(X)\right] \tag{6-39}$$

通过求解多元非线性方程组 $F(X) = 0$，即可得到泄洪洞内风速、气压和补气洞内风速、末端气压。

对于多元非线性方程组，一般采用迭代法求解。通过预设初值及相应的迭代算法使解逐步收敛。初值的选取对求解影响较大，如果初值选取不合适时，解的收敛速度较慢，甚至可能出现解不收敛情况。可采用先粗略再精细的求解策略，具体实现方法为：

①先不对泄洪洞进行微元段剖分（即 $n_i = 1$）。假定泄洪洞总气流量为泄流量的 $2 \sim 5$ 倍且各补气洞气流量相同，计算得到补气洞末端及泄洪洞各支段首末端风速初值，而气压初值则均设为0。以此初值，通过迭代计算得到补气洞末端及泄洪洞个各支段首末端气压、风速真实值。

②对泄洪洞进行微元段剖分。根据步骤①中获得的粗略解，通过线性插值

得到各节点的风速、气压初值。以此初值,通过迭代计算得到补气洞末端及泄洪洞内气压、风速真实值。

6.2.3 理论分析方法验证

以锦屏一级泄洪洞供气系统原型观测为例,对供气系统通风特性理论分析方法进行验证。分析中暂不考虑掺气设施掺气对供气系统通风量的影响。泄洪洞内沿程水深及水流流速采用物理模型试验结果;局部阻力系数可根据泄洪洞和各补气洞的几何尺寸确定,查莫迪图沿程阻力系数大致在 $0.01 \sim 0.02$ 之间,取中间值 0.015。

水流拖曳力系数 f_{w} 与泄洪洞内水流流态、流速、水面状况、洞顶余幅高度等因素有关,尚未构建通用的理论计算公式。本节 f_{w} 取值参考罗慧远经验公式形式[式(1-30)],定义为:

$$f_{\mathrm{w}} = \omega \left(\frac{v_{\mathrm{w}}}{\sqrt{gh_{\mathrm{a}}}} \right)^2 \tag{6-40}$$

式中,ω 为常系数项,采用锦屏一级原观数据确定。

基于锦屏一级泄洪洞供气系统的实测风速资料对常系数项 ω 进行试算。以三条补气洞在不同来流条件时计算风速与原型风速相对误差的均方根 ψ 作为判定标准,当 ψ 取得最小值的时候,计算结果最接近原型数据。ω 的试算结果如图 6-11 所示。可以看出,当 $\omega = 0.0977$ 时,$\psi = 0.1534$ 取得最小值。当 $\omega \leq 0.0977$ 时,计算误差随着系数项的增大而迅速减小,常系数项的取值对补气洞风速影响较大;当 $\omega \geq 0.0977$ 时,计算误差随着系数项的增大而增大、但增加的趋势比较缓慢,常系数项的取值对补气洞风速影响相对较小。如图中所示,当系数项按罗慧远公式取值($\omega = 0.002$)时,计算结果与原观实测结果的计算误差较大。分析其原因,式(1-30)是基于原型数据拟合的公式,但以往的泄水建筑物水头相对较小,随着坝高的增加,泄水建筑物的水头越来越大,锦屏一级泄洪洞上下游水位差可达 220m;泄洪洞内较高的泄流速度使得水面波动较大、水体紊动程度较高,水流对气流的拖曳力增大,所以原拖曳力拟合公式并不适用。基于锦屏一级原型数据拟合的拖曳力系数表示形式为:

$$f_{\mathrm{w}} = 0.0977 \left(\frac{v_{\mathrm{w}}}{\sqrt{gh_{\mathrm{a}}}} \right)^2 \tag{6-41}$$

按公式(6-41)计算拖曳力系数,锦屏一级泄洪洞不同来流情况下的补气洞风速理论分析结果如图 6-12 所示。可以看出,理论计算结果较原型实测值更为集中,但总体上差异不是很大,比较接近,理论计算值大致是原观值的 74% ～

114%，在计算范围内，计算结果与原观结果的平均相对误差为13%。理论计算风速与原观实测风速随水流流量的变化规律基本一致。图中还列出了按照罗惠远经验公式选取拖曳力系数时的补气洞计算风速，很明显，这种取值方法的计算结果要比原型实测结果小得多。

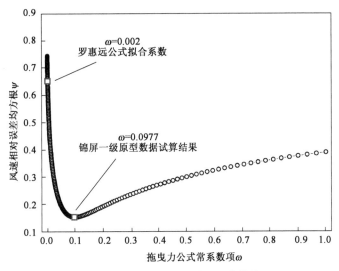

图6-11　拖曳力公式常系数项试算结果

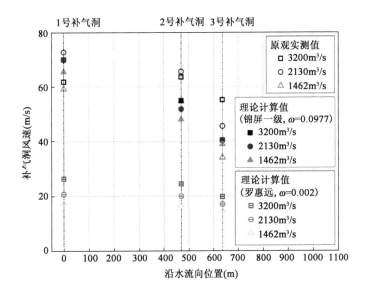

图6-12　补气洞内风速理论分析结果与原观实测结果对比

不同来流情况下的泄洪洞洞顶余幅内风速理论分析结果如图 6-13 所示。根据补气洞实测风速、补气洞面积及泄洪洞内沿程水流深度可以计算得到泄洪洞洞顶余幅内沿程的实际平均风速,将其绘制到图 6-13 中用于与理论分析结果进行比较。同时绘制出泄洪洞内沿程水流流速,泄洪洞内气流平均速度大多都小于水流速度,通过对比发现,理论分析得到的洞顶余幅内风速沿程变化规律与实际风速变化规律整体上是一致的,在补气洞位置由于气流汇入作用风速会突然增大,在补气洞间风速沿程变化剧烈程度与流速变化的剧烈程度保持一致。在数值上理论分析结果与实际结果虽然存在着一定差异,但基本在同一量级。

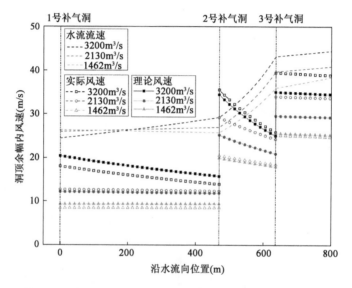

图 6-13　泄洪洞洞顶余幅内风速理论分析结果与原观实测结果对比

不同来流情况下补气洞末端气压及泄洪洞内沿程气压分布理论分析结果如图 6-14 所示。最大负压出现在泄洪洞明流段首部,沿顺水流方向,整体呈逐步回升趋势,在泄洪洞出口位置回升至大气压。在补气洞后断面位置由于气流汇入、风速增大,出现了气压陡跌现象。理论分析结果还表明,泄洪洞内最大负压会随着水流流量的减小而略微降低,相比较而言变化幅度不大,泄洪洞内的最大负压都在 −7kPa 左右。原因在于泄洪洞内水流流速并未随着流量的大幅降低而发生显著变化,水流对气流的拖曳作用力的也不会显著降低,平均风速的下降与洞顶余幅空间的增加使得总通风量不会发生较大变化,补气洞内风速不会发生较明显改变,因此泄洪洞内明流段首部的气压也不会出现较大幅度的变化。

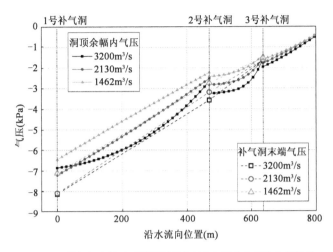

图 6-14　补气洞末端及泄洪洞洞顶余幅内气压分布理论分析结果

3个补气洞末端气压理论分析结果显示,不同泄流量工况下1号补气洞末端负压值均大于泄洪洞明流段首部负压值,这与气流从面积较小的补气洞进入面积较大的泄洪洞空间后流速下降而引起气压回升有关。但对于2号、3号补气洞,不同泄流量工况下补气洞末端负压并不一定总大于对应位置泄洪洞内的负压值,与发生交汇的两支流交汇前的流速及气压具体取值有关。

锦屏一级泄洪洞补气洞内及洞顶余幅内风速及气压理论分析结果表明:在合理选择水流拖曳力系数的前提下,通过采用本书提出的多洞供气系统通风特性理论分析方法可大致确定供气系统的通风特性。因此可采用此方法开展多洞供气系统结构布置优化的初步研究。

6.3　结构因素对通风特性的影响分析

本节主要分析补气洞及泄洪洞结构因素对供气系统通风特性的影响,具体包括补气洞面积变化影响、补气洞长度变化影响、补气洞布设位置变化影响、补气洞布设数量影响及泄洪洞高度变化影响五个方面。水力条件保持不变,均采用闸门全开工况(对应水流流量3200m³/s)进行计算。水面拖曳力系数 f_w 采用式(6-41)计算。从补气洞内风速、末端气压,泄洪洞洞顶余幅内风速、气压四个方面评估结构因素变化对通风特性的影响。

6.3.1　补气洞面积变化影响

其他结构布置参数不变,只改变补气洞截面面积。所有补气洞面积变为原截面面积 a 的0.5倍、1.0倍、2.0倍,不同截面尺寸时补气洞及泄洪洞洞顶余幅内风速、气压计算结果如图 6-15a)、b) 所示,所对应的供气系统总通风量分别为 3752m³/s、4537m³/s、4842m³/s。

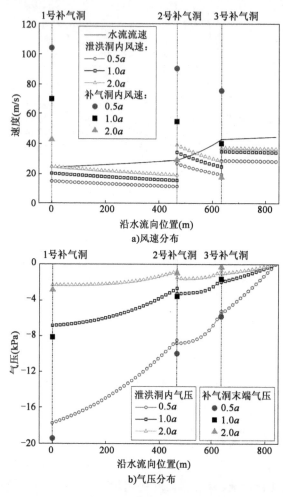

图 6-15　不同补气洞面积对通风特性影响

供气系统总通风量随补气洞面积的增大而增加,但增长速率逐步放缓。补气洞内风速都会随补气洞面积增大而减小,但与通风量增加相对应,泄洪洞内风速会随着补气洞面积的增大而增大。补气洞末端及泄洪洞内的负压都会随着补气洞面积的增大而急剧降低,主要是由于增大补气洞面积能够使气流汇入更为顺畅,降低局部阻力系数的同时还降低了补气洞内风速,从而能够显著地降低泄洪洞内负压。分析结果表明:补气洞截面面积对总通风量、补气洞及泄洪洞内风速和气压都有着显著影响,采用较大截面尺寸的补气洞对提高供气系统通气顺畅程度、降低补气洞及泄洪洞内风速及负压都是有利的。当然实际工程中还需考虑洞室开挖造价、结构安全稳定等因素,寻求多因素之间的平衡。

6.3.2　补气洞长度变化影响

其他结构布置参数保持不变,只改变补气洞长度。所有补气洞长度改变为原长度 L 的0.5倍、1.0倍、2.0倍、5.0倍,不同补气洞长度时补气洞及泄洪洞洞顶余幅内风速、气压计算结果如图 6-16a)、b)所示,所对应的供气系统总通风量分别为 $4555\mathrm{m}^3/\mathrm{s}$、$4537\mathrm{m}^3/\mathrm{s}$、$4502\mathrm{m}^3/\mathrm{s}$、$4405\mathrm{m}^3/\mathrm{s}$。

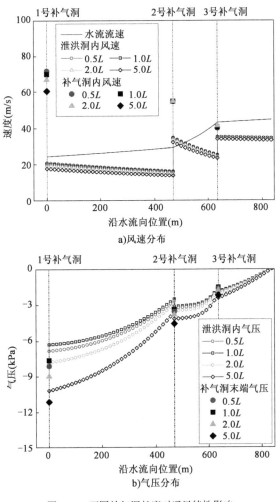

a)风速分布

b)气压分布

图 6-16　不同补气洞长度对通风特性影响

供气系统总通风量随着补气洞长度的增加略微减小;补气洞及泄洪洞洞顶余幅内风速随着补气洞长度的增加略微降低;补气洞末端及泄洪洞内负压都会随着补气洞长度的增加而增大,但增长速率相对不是很大。总而言之,补气洞长度对总通风量、补气洞及泄洪洞洞顶余幅内的风速和气压的影响较弱。主要原因在于:补气洞长度对供气系统通风特性的影响主要通过洞室边壁对气流的沿程阻力来实现,而工程中的补气洞的长细比一般相对较大,致使其产生的沿程阻力在气流总阻力中所占比重一般较低,因此补气洞长度并不会对供气系统的风速、气压等通风特性产生显著影响。尽量采用走向顺直的补气洞减小气流汇入泄洪洞过程中的局部阻力,对于提高通气顺畅程度、降低洞内风速及负压都是有益的。

6.3.3　补气洞布设位置影响

其他结构布设参数保持不变,只调整补气洞与泄洪洞的相对位置。1 号、3 号补气洞与泄洪洞的相对位置不变,2 号补气洞交汇口沿泄洪洞洞轴线上移 0m、100m、200m、300m,不同补气洞相对位置时补气洞及泄洪洞洞顶余幅内风速及气压计算结果如图 6-17a)、b) 所示,所对应的供气系统总通风量分别为 4537m^3/s、4504m^3/s、4467m^3/s、4424m^3/s。

随着 2 号补气洞交汇口位置的上移,1 号补气洞内风速有较大幅度降低,而 2 号、3 号补气洞内的风速则略有增加,总通风量基本不变。1 号补气洞末端及 1 号、2 号补气洞之间的泄洪洞区段内负压有较为显著的减小,泄洪洞内负压沿程分布更趋于均匀化。2 号补气洞交汇口位置的上移,分担了平洞区段泄洪洞气流仅从 1 号补气洞汇入的压力,提升了气流汇入的通畅程度,所以可以使 1 号补气洞内风速降低,泄洪洞平洞区段负压得到较大程度减小。但 2 号补气洞交汇口位置的改变并未使气流所受总阻力产生较大改变,因而总掺气量基本不受影响。细致观察发现,2 号、3 号补气洞之间的泄洪洞区段内,局部区段的风速大于水流流速[如图 6-17a) 中间部位所示],这是由于 1 号、2 号补气洞总通风量较大、气流在一定范围内汇聚造成的。这种情形下,水流随气流的拖曳作用力不再是驱动力,而是阻碍力,加之洞室壁面对气流的作用力也是阻碍力,使得气压在此局部区段内出现回落而不是回升[如图 6-17b) 中间部位所示]。通过以上分析可知:通过合理选择补气洞布设位置可改善泄洪洞内负压分布。

6.3.4　补气洞布设数量影响

其他结构参数保持不变,只改变补气洞布设数量。工况 1 保留所有补气洞,工况 2 保留 1 号、2 号补气洞,工况 3 保留 1 号、3 号补气洞,工况 4 则只保留1 号补气洞。各工况下补气洞及泄洪洞内风速及气压计算结果如图 6-18a)、b) 所示,对应的供气系统总通风量分别为 4537m³/s、3876m³/s、4056m³/s、2434m³/s。

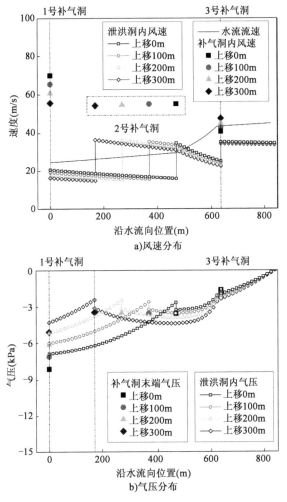

a)风速分布

b)气压分布

图 6-17　不同补气洞相对位置对通风特性影响

理论分析计算结果表明,补气洞布设数量对锦屏一级供气系统的通风特性有着显著影响。去除 2 号或 3 号补气洞后,保留的补气洞风速增加、末端负压增大,系统总通风量会减少。比较而言,去除 2 号补气洞对 1 号补气洞风速、末端气压及泄洪洞洞顶余幅内气压造成的影响较去除 3 号补气洞要大,主要原因在于补气洞相对位置的不同使得其对供气系统的通风特性的影响程度不同。锦屏一级泄洪供气系统通风补气压力主要集中于 1 号补气洞,2 号补气洞更靠近

1号补气洞,能更好地分担其压力而改善整个供气系统的通风特性。当同时将2号、3号补气洞去除时,1号补气洞内风速、负压及泄洪洞洞顶余幅内负压都会急剧增大,风速接近100m/s,而负压可达−12kPa,这对供气系统运行安全是十分危险的;总通风量也会显著减小,减小为采用3个补气洞情形时总通风量的1/2,这将对供气系统供气顺畅程度造成严重影响。

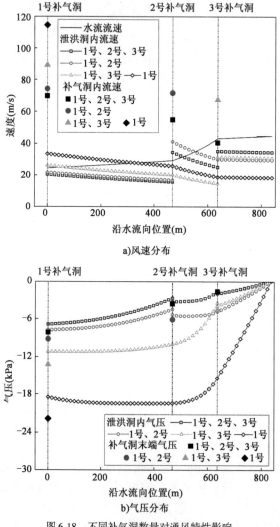

a)风速分布

b)气压分布

图6-18　不同补气洞数量对通风特性影响

以上分析表明,补气洞布设数量对供气系统通风特性影响显著,采用多洞补气系统可以有效地减小泄洪洞内负压、降低补气洞风速。

6.3.5 泄洪洞截面高度影响

其他结构参数保持不变,只改变泄洪洞截面高度。泄洪洞界面高度分别改变为原高度 H 的 0.8 倍、1.0 倍、1.2 倍,不同泄洪洞截面高度时的补气洞及泄洪洞洞顶余幅内风速、气压计算结果如图 6-19 所示,对应的供气系统总通风量分别为 $3429m^3/s$、$4537m^3/s$、$5185m^3/s$。

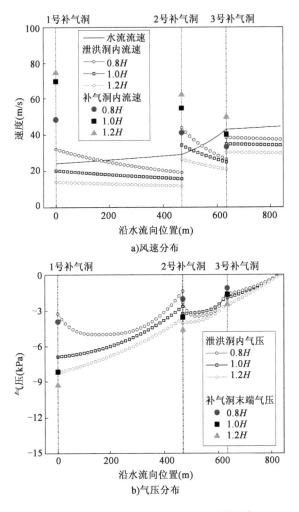

a)风速分布

b)气压分布

图 6-19 不同泄洪洞截面高度对通风特性影响

随着泄洪洞截面高度降低,补气洞风速减小,泄洪洞内风速会显著增加,补气洞末端负压及泄洪洞内负压减小,总通风量减小。原因在于,随着泄洪洞高度的降低,使得用于气流过流的洞顶余幅空间减小,单位过流截面上的水流拖曳作用力相对增加,而对应的单位过流截面上的阻力增加幅度相对较小,较大的驱动应力使得泄洪洞内风速增加。洞室壁面对气流的阻碍作用与水流对气流的拖曳驱动作用的比值会随泄洪洞高度的降低而增加,因此供气系统总通风量会减小。

6.3.6 小结

以锦屏一级供气系统为例,通过改变补气洞面积、长度、布设位置及数量,以及泄洪洞截面高度,研究了多洞供气系统通风特性与结构因素之间的关系。理论分析计算结果表明:(1)补气洞截面面积对总通风量、补气洞及泄洪洞洞顶余幅内风速和气压都有着显著影响,采用较大截面尺寸的补气洞,可有效提高供气系统通气顺畅程度、降低补气洞及泄洪洞洞顶余幅内风速及负压;(2)补气洞长度并不会对供气系统的风速、气压等通风特性产生显著影响;(3)通过合理选择补气洞布设位置可改善泄洪洞洞顶余幅内负压分布;(4)补气洞布设数量对供气系统通风特性影响显著,采用多洞供气系统可以有效地减小泄洪洞洞顶余幅内负压、降低补气洞风速;(5)泄洪洞截面高度对也有着较为显著的影响,随着泄洪洞截面高度降低,供气系统总通风量减小,补气洞内风速降低,泄洪洞洞顶余幅内风速增加,补气洞末端负压及泄洪洞洞顶余幅内负压也会减小。

6.4 本章小结

本章主要对泄洪洞多洞供气系统的通风特性进行了研究,介绍了锦屏一级泄洪洞供气系统通风特性的原观成果,建立了多洞供气系统通风特性的理论分析方法,并采用这种方法研究了泄洪洞及补气洞结构因素对供气系统通风特性的影响。具体结论如下:

(1)通过原型观测对锦屏一级泄洪洞供气系统进行了分析与评价。补气洞进气顺畅、通气效果良好,补气洞风速随着水流流量的增加而增大,但当水流流量较大时,补气洞风速还会受洞顶余幅的制约。补气洞风速范围为 12 ~ 90m/s,脉动强度大概为平均风速的 5% ~ 17%,由气流脉动产生的噪声在 95 ~ 120dB 之间。弗劳德相似模型研究通风现象存在缩尺效应,已有的单洞供气系统通风量计算公式不适用于多洞供气系统的计算。

(2)基于气动平衡分析及质量守恒定理,对现有单洞供气系统通风特性理论分析方法进行了拓展及一般化,建立了多洞供气系统通风特性理论分析方法。此方法可计及沿程补气支洞气流汇入、掺气坎通气管吸气分流影响,适用于水流、气流过流截面均匀、渐变及变化较大情形。以风速、气压为变量构成的方程组是一个封闭的多元非线性方程组,可通过数值方法求解。

以锦屏一级供气系统为例,对多洞供气系统通风特性理论分析方法进行了验证。以计算风速和实测风速相对误差的均方根为控制标准,对拖曳力系数的表示形式进行了拟合,使得计算风速与原观风速的平均相对误差在13%左右。原观实测结果和理论分析值的对比分析表明:通过选择合理的水流对气流拖曳作用力系数,锦屏一级供气系统通风特性理论分析计算结果与原观实测结果大致吻合。

(3)采用多洞供气系统理论分析方法,在锦屏一级泄洪洞供气系统的基础上,通过改变补气洞及泄洪洞几何尺寸参数分析了结构因素对供气系统通风特性的影响。研究结果表明,补气洞截面面积、布设位置及数量对通风特性影响显著,补气洞长度影响不明显,泄洪洞截面高度对通风特性的影响也较显著。采用较大截面尺寸的补气洞,可有效提高供气系统通气顺畅程度、降低补气洞及泄洪洞洞顶余幅内风速及负压;合理选择补气洞布设位置可改善泄洪洞洞顶余幅内负压分布;采用多洞供气系统可以有效地减小泄洪洞洞顶余幅内负压、降低补气洞内风速;泄洪洞洞顶余幅高度降低,会使得供气系统通风量减小,泄洪洞洞顶余幅内风速增加,补气洞末端及泄洪洞洞顶余幅内负压减小。

(4)建立的多洞供气系统理论分析方法可用于泄洪洞供气系统通风特性的预测和供气系统布设方式的优化,具有重要的实际意义。需要注意的是,水流拖曳力系数的取值对理论分析结果影响较大,仍需对拖曳力系数的取值问题进行更深入的研究。

第7章 结论与展望

7.1 结论

掺气是复杂的水气二相流问题,目前关于掺气减蚀问题的研究还存在众多难点。本书采用原型观测、模型试验和理论分析的方法对掺气设施掺气特性和供气系统通风特性进行了深化研究。本书以泄水建筑物掺气减蚀原型观测为基础,对掺气设施水力特性指标的分布规律进行了汇总与整理,重点研究了掺气设施掺气量的计算方法、掺气设施掺气量的物模模拟情况,以及泄洪洞多洞供气系统通风特性的理论分析方法。获得的主要结论如下:

(1)基于国内外大量的原型观测资料,研究了掺气水力特性指标分布的一般性规律。

空腔负压一般为低频脉动,空腔负压越大,通气管的进气能力越强,原型实测空腔负压水头在 $-0.07 \sim -2.85$m 范围内,原型实测通气管风速在 $24 \sim 130$m/s 范围内,拟合实测数据可得空腔负压指数的经验公式。单宽掺气量随单宽流量的变化没有较为统一的趋势,但掺气比都随着单宽流量的增加而减小,由于掺气设施的布置、体型及其运用情况不同,形成了 β-q_w 一簇曲线,所有曲线都大致服从对数分布,原型实测最大单宽掺气量可达53m³/(s·m)。部分原观水力指标超过了规范的建议区间,但实际运行中未发现明显的破坏。部分掺气坎保护范围末端出现了低于 3% 的掺气浓度,但较小的掺气浓度值仍然对壁面起到了保护作用,掺气减蚀的效果是很明显的。

(2)研究了掺气设施掺气量的计算方法,提出了两种基于原观数据的掺气比计算公式。

由于掺气量的影响因素较多,掺气量理论公式经验系数的取值范围较广,平均值大致在 $0.010 \sim 0.073$ 之间,基于原型数据推导了经验系数与其各影响因素之间的关系[公式(4-4)],拟合公式具有一定的精度。通过分析原观掺气比随弗劳德数和单宽流量的变化趋势,分别建立了掺气比与弗劳德数的关系[公式(4-8)]和掺气比与单宽流量的关系[公式(4-10)],两种公式中的系数均为与掺气设施布置及其几何尺寸相关的参数。总体上,两种公式的计算值都大致在

实测值 ±0.1 的范围内,当掺气比较大($\beta \geqslant 0.4$)的时候,计算误差相对较小;当掺气比较小($\beta \leqslant 0.4$)的时候,单独使用一种公式的计算误差可能会比较大,可组合使用这两种公式,实际值大致落在两种公式计算值范围内。本书基于原观建立的掺气量计算公式的预测精度要明显高于其他类型公式,具有更大的适用性。

(3)研究了掺气量的缩尺效应,通过加糙增紊提高水流紊动程度,探索了水流紊动程度和掺气比的关系。

弗劳德相似模型模拟掺气现象缩尺效应明显,当模型比尺 $Lr \geqslant 1:10$ 时,模型掺气量和原型比较接近。在泄槽表面局部加糙提高水流紊动程度,减小模型和原型中紊流结构不相似的水平,可以有效增加掺气设施的掺气量。随着表面粗糙度的增加,壁面脉动压力强度系数、通气管风速和空腔负压都呈增大趋势,但空腔长度略有减小,掺气比随着表面粗糙度的增加而增大。通过表面粗糙度、糙率、摩阻流速、法向紊动流速之间的转化,建立了表面粗糙度与水流紊动程度的关系,水流紊动程度对掺气比的影响近似呈正相关的线性关系,线性系数的大小与弗劳德数和掺气坎尺寸成正比。由于掺气设施掺气比与水流紊动程度呈线性关系,则原模型中的掺气比与水流紊动程度的相似性一致。

(4)研究了泄洪洞多洞供气系统的通风特性,建立了多洞供气系统通风特性的理论分析方法。

通过原型观测对锦屏一级泄洪洞供气系统进行了分析与评价,并利用实测数据说明了单洞供气系统通风量计算公式对于多洞供气系统的不适用性。基于气动平衡分析及质量守恒定理,对现有单洞供气系统通风特性理论分析方法进行了拓展及一般化,建立了多洞供气系统通风特性理论分析方法,此方法可计及沿程补气支洞气流汇入、掺气坎通气管吸气分流影响,适用于水流、气流过流截面均匀、渐变及变化较大情形。以风速、气压为变量构成的方程组是一个封闭的多元非线性方程组,可通过数值方法求解。采用锦屏一级泄洪洞供气系统原型观测结果,对多洞供气系统通风特性理论分析方法进行了验证,通过拟合拖曳力系数的取值形式,使得理论计算结果与原观实测结果平均相对误差控制在 13%左右。以锦屏一级泄洪洞供气系统为例,通过改变补气洞及泄洪洞几何尺寸参数分析了结构因素对供气系统通风特性的影响,分析结果表明补气洞截面面积、布设位置及数量对通风特性有着显著影响,泄洪洞洞顶余幅高度对通风特性的影响也较显著,补气洞长度基本无影响。已建立的多洞供气系统理论分析方法可用于泄洪洞供气系统通风特性的预测和供气系统布设方式的优化。

7.2 展望

本章对掺气设施掺气相关水力参数的分析都基于原型数据,对供气系统通风特性的理论分析方法也经过了原观数据的验证,数据来源相对可靠,所得到的结论具有一定的参考价值。但研究过程中发现,还有几方面的内容需要继续讨论和进一步深化:

(1)已整理的原观资料中,关于较大掺气坎尺寸的数据相对较少,使得掺气量拟合公式对大掺气坎尺寸的掺气量预测偏差较大。要建立准确度更高的计算公式,仍需进一步丰富掺气量的观测样本。

(2)模型加糙研究水流紊动程度对掺气比的影响,加糙材料表面粗糙度的变化较细,但变化范围没有很大,掺气坎的尺寸变化范围也相对较小。要准确得到水流紊动程度和掺气比的关系式,仍需继续增加表面粗糙度和掺气坎尺寸的变化范围。

(3)在应用多洞供气系统理论分析方法时,水流对气流拖曳力系数的取值对理论分析结果影响较大,本书选用的是经锦屏一级原观数据反馈后的经验值。为提高计算结果精度,仍需对拖曳力系数的取值方法开展更为深入的研究。

参 考 文 献

[1] 贾金生.中国大坝建设60年[M].北京:中国水利水电出版社,2013.

[2] 水利部.世界高坝大库TOP100[M].北京:中国水利水电出版社,2012.

[3] 周建平,杜效鹄,周兴波,等.世界高坝研究及其未来发展趋势[J].水利发电学报,2019,38(2):1-14.

[4] Falvey H. Cavitation in Chutes and Spillways[J]. Engineering Monographs, 1990, 78.

[5] 黄继汤.空化与空蚀的原理及应用[M].北京:清华大学出版社,1991.

[6] Totten G. E., Sun Y. H., Jr R. J. B., et al. Hydraulic System Cavitation: A Review[J]. Sae Technical Papers, 1998:1-13.

[7] 童显武.中国水工水力学的发展综述[J].水力发电,2004,30(1):60-64.

[8] Kells J. A., Smith C. D. Reduction of Cavitation on Spillways by Induced Air Entrainment[J]. Canadian Journal of Civil Engineering, 1992, 19(5): 928-929.

[9] 褚履祥.冯家山水库溢洪洞通气减蚀原型观测试验报告[J].陕西水利水电技术,1996,(1):50-51.

[10] Bruschin J. Forced Aeration of High Velocity Flows[J]. Journal of Hydraulic Research, 1987, 25(1):5-14.

[11] Rutschmann P., Hager W. H. Air Entrainment by Spillway Aerators[J]. Journal of Hydraulic Engineering, 1990, 116(6): 765-782.

[12] 李隆瑞.高速水流掺气减蚀措施及工程应用[J].水资源与水工程学报,1990,1(02):11-24.

[13] Chanson H. Air Entrainment in Chutes and Spillways[J]. Spillway Chutes, 1992.

[14] Minor H. E., Kramer K., Hager W. H. Spacing of Chute Aerators for Cavitation protection[J]. International Journal on Hydropower and Dams, 2005, 12(4): 64-70.

[15] 苏沛兰.掺气设施与强迫掺气水流[M].杭州:浙江大学出版社,2012.

[16] 王海云,戴光清,张建民,等.高水头泄水建筑物掺气设施研究综述[J].水利水电科技进展,2004,24(4):46-48.

[17] 雷刚,张建民,谢金元,等.一种新型掺气型旋流竖井的试验研究[J].

水力发电学报, 2011, 30(5): 86-92.

[18] 冯永祥. 二滩水电站泄洪洞侧墙掺气减蚀研究[D]. 天津: 天津大学, 2008.

[19] Knapp R. T., Daily J. W., G H. F. 空化与空蚀[M]. 北京: 水利出版社, 1981.

[20] Mockmore C. A., Bradley J. N., Robertson J. M., et al. Discussion of Cavitation in Hydraulic Structures: A Symposium: Experiences of the Bureau of Reclamation by Jacob E. Warnock[J]. Transactions of the American Society of Civil Engineers, 1947: 112.

[21] 加尔彼凌, 等. 水工建筑物的空蚀[M]. 北京: 水利出版社, 1981.

[22] Mason P. J., Arumugam K. Free Jet Scour Below Dams and Flip Buckets [J]. Journal of Hydraulic Engineering, 1985, 111(2): 220-235.

[23] 贾来飞. 溢洪道掺气坎槽后掺气水流三维数值模拟研究[D]. 天津: 天津大学, 2012: 90-96.

[24] 张福辉. 盐锅峡水电站泄水消能建筑物运用及检修[J]. 大坝与安全, 1994, (3): 45-50.

[25] Wagner W. E., Jabara M. A. Cavitation Damage Downstream from Outlet Works Gates[C]. Proceedings of Hydraulic Research and Its Impact On the Environment, IAHR 14th Congress, Paris, France, 1972: 5.

[26] Dortch M. S. Center Sluice Investigation, Libby Dam, Kootenai River, Montana. Hydraulic Model Investigation[R]. Army Engineer Waterways Experiment Station Vicksburg Miss, 1976.

[27] 袁广孝. 碧口水电站右岸泄洪洞缺陷修补措施[C]//能源部电力司混凝土建筑物病害修补和处理情报网. 第三届水工混凝土建筑物修补技术交流会论文集. 北京: 水利电力出版社, 1992: 139-145.

[28] Burgi P. H., Moyes B. M., Gamble T. W. Operation of Glen Canyon Dam Spillways-Summer 1983[C]. Proceedigns of Water for Resource Development, Idaho, United States, 1984: 260-265.

[29] 刘俊柏, 杜生宗. 龙羊峡水电站底孔泄水道冲蚀破坏及其修复处理[J]. 西北水电, 1990, (03): 31-36.

[30] 刘淑芳. 鲁布革水电站右岸泄洪洞的破坏与处理[J]. 水力发电, 1994, (4): 34-36.

[31] Rayleigh L. VIII. On the Pressure Developed in a Liquid during the Collapse

of a Spherical Cavity[J]. The London, Edinburgh, and Dublin Philosophical Magazine and Journal of Science, 1917, 34(200): 94-98.

[32] Kornfeld M., Suvorov L. On the Destructive Action of Cavitation[J]. Journal of Applied Physics, 1944, 15(6): 495-506.

[33] Rattray M. Perturbation Effects in Cavitation Bubble Dynamics[D]. California Institute of Technology, 1951.

[34] Kling C. L., Hammitt F. G. A Photographic Study of Spark-Induced Cavitation Bubble Collapse[J]. Journal of Basic Engineering, 1972, 94(4): 825-832.

[35] Lauterborn W., Bolle H. Experimental Investigations of Cavitation-Bubble Collapse in the Neighbourhood of a Solid Boundary[J]. Journal of Fluid Mechanics, 1975, 72(2): 391-399.

[36] Shima A., Takayama K., Tomita Y. Mechanisms of the Bubble Collapse near a Solid Wall and the Induced Impact Pressure Generation[J]. Rep. Inst. High Speed Mech., Tohoku Univ, 1984, 48.

[37] Kramer K., Hager W. H., Minor H. E. Air Detrainment in High-Speed Chute Flows[C]. Hydraulic Measurements and Experimental Methods 2002, Estes Park, Colorado, United States, 2002: 1-10.

[38] 林继镛. 水工建筑物[M]. 北京:中国水利水电出版社, 2009.

[39] 武汉大学水利水电学院水力学流体力学教研室李炜. 水力计算手册[M]. 北京:中国水利水电出版社, 2006.

[40] Ball J. W. Cavitation from Surface Irregularities in High Velocity[J]. Journal of the Hydraulics Division, 1976, 102(9): 1283-1297.

[41] 金泰来, 刘长庚, 刘孝梅. 门槽水流空化特性的研究[C]//中国科学院水利水电科学研究院. 水利水电科学研究院科学研究论文集(第13集). 北京:水利水电出版社, 1983:57-78.

[42] Hamilton W. Preventing Cavitation Damage to Hydraulic Structures: Part Three[J]. International Water Power and Dam Construction, 1984, 36(1): 42-45.

[43] Wood I. R. Uniform Region of Self-Aerated Flow[J]. Journal of Hydraulic Engineering, 1983, 109(3): 447-461.

[44] Elder R. A. Advances in Hydraulic Engineering Practice: The Last Four Decades and Beyond[J]. Journal of Hydraulic Engineering, 1986, 112(2): 73-89.

[45] Falvey H. T. Prevention of Cavitation on Chutes and Spillways[C]. Proceedings

of Frontiers in Hydraulic Engineering, Cambridge, Massachusetts, United States, 2010: 432-437.

[46] 熊贤禄, 傅佩芬. 美国专家布格和将赛延关于二滩水电站水力学问题的发言[J]. 水电工程研究, 1983, (1).

[47] 陈椿庭. 高坝大流量泄洪建筑物[M]. 北京:水利电力出版社, 1988.

[48] Lesleighter E. Cavitation in Hydraulic structures[C]. Proceedings of the International Symposium on Model-Prototype Correlation of Hydraulic Structures, Colorado Springs, Colorado, United States, 1988: 74-94.

[49] 王金国. 水工建筑物的破坏及防治措施研究[D]. 成都:四川大学, 2002.

[50] 吴建华. 掺气减蚀技术及其研究[C]//吴有生. 第十一届全国水动力学学术会议暨第二十四届全国水动力学研讨会并周培源诞辰110周年纪念大会文集(上册). 北京:海洋出版社, 2012:87-95.

[51] 肖兴斌. 掺气减蚀设施的研究与应用综述[J]. 长江工程职业技术学院学报, 1996, (1): 55-59.

[52] 中华人民共和国水利部. 溢洪道设计规范 SL 253-2000[S]. 北京:中国水利水电出版社,2000.

[53] Ervine D. A., Falvey H. T. Behavior of Turbulent Water Jets in the Atmosphere and in Plunge Pools[J]. Ice Proceedings, 1987, 83(1): 295-314.

[54] Volkart P. The mechanism of air bubble entrainment in self-aerated flow[J]. International Journal of Multiphase Flow, 1980, 6(5): 411-423.

[55] Falvey H. R. Aeration in Jets and High Velocity Flows[C]. Proceedigns of Model-Prototype Correlation of Hydraulic Structures, Colarado, USA, 1988: 22-55.

[56] 吴持恭. 水力学上册[M]. 3版. 北京:高等教育出版社, 2003.

[57] 陈长植, 于琪洋, 杨永森. 挑坎型掺气减蚀设施过流掺气特性研究[J]. 水利水电技术, 1999, 30(10): 26-30.

[58] 邓安军, 陈立, 林鹏, 等. 紊动强度沿垂线分布规律的分析[J]. 泥沙研究, 2001, (5): 33-36.

[59] 潘水波, 邵嫒嫒, 时启燧, 等. 通气挑坎射流的挟气能力[J]. 水利学报, 1980, 5: 13-22.

[60] Pinto N. L. S., Neidert S., Ota J. Aeration at High Velocity Flows[J]. Proceedings of International Water Power and Dam Construction, 1982, 34(2): 34-38.

［61］ Koschitzky H. -P. , Kobus H. Hydraulics and Design of Spillway Aerators for Cavitation Prevention in High Speed Flows［C］. Proceedings of International Symposium on Hydraulic for High Dams, Beijing, China, 1988: 724-733.

［62］ May R. , Escarameia M. , Karavokyris I. Scaling the Performance of Aerators in a Tunnel Spillway［C］. Proceedings of The 26th Congress of the International Association for Hydraulic Research, London, UK, 1995: 444-449.

［63］ Haberman W. L. , Morton R. K. An Experimental Study of Bubbles Moving in Liquids［J］. Transactions of the American Society of Civil Engineers, 1954, 121(1): 227-250.

［64］ Domgin J. , Gardin P. , Brunet M. Experimental and Numerical Investigation of Gas Stirred Ladles［C］. Proceedings of the Second International Conference on CFD in the Minerals and Process Industries CSIRO, Melbourne, Australia, 1999: 181-196.

［65］ Volkart P. Transition from Aerated Supercritical to Subcritical Flow and Associated Bubble De-aeration［C］. Proceedings of the 21st Congress of the International Association for Hydraulic Research, Melbourne, Australia, 1985: 2-6.

［66］ Pinto N. D. S. , Neidert S. H. Model—Prototype Conformity in Aerated Spillway Flow［C］. Proceedings of International Conference on the Hydraulic Modelling of Civil Engineering Structures, Coventry, England, 1982: 22-24.

［67］ Bruschin J. Aeration Offsets for Spillway Chutes and Bottom Outlets［C］. Proceedings of a Symposium on Scale Effects in Modelling Hydraulic Structures, International Association for Hydraulic Research, Esslingen, Germany, 1984: 3-6.

［68］ Wang S. Air Entraining Capacity of Supercritical Flow over an Aeration Ramp and the Scale Effect upon It［C］. Proceedings of International Symposium on Hydraulic Research in Nature and Laboratory, 1992: 132-137.

［69］ 王俊杰, 尹洪昌. 水流紊动强度对水流泄气能力的影响［J］. 高速水流, 1983, (2): 44-48.

［70］ Ervine D. A. , Kahn A. R. Turbulence Measurements in an Air Slot Ramp Aerator［C］. Proceedings of XXIV IAHR Congress, Madrid, Spain, 1991: 72-79.

［71］ Pan S. , Shao Y. Scale Effects in Modeling Air Demand by a Ramp Slot［C］.

Proceedings of IHAR Symposium on Scale Effects in Modelling Hydraulic Structures, Esslingen, Neckar, Germany, 1984: 471-474.

[72] 夏毓常. 水工水力学原型观测与模型试验[M]. 北京:中国电力出版社, 1999.

[73] Vischer D., Volkart P., Sigenthaler A. Hydraulic Modelling of Air Slots in Open Chute Spillways[C]. International Conference on Hydraulic Modelling, BHRA Fluid Engineering, Coventry, England, 1982.

[74] Pinto N. D. S. Model Evaluation of Aerators in Shooting Flow[C]. Proceedings of IAHR Conference on Scale Effects in Modelling Hydraulic Structures, Esslingen, Neckar, Germany, 1984: 421-426.

[75] Kuiper G. Some Experiments With Specific Types of Cavitation on Ship Propellers[J]. Journal of Fluids Engineering, 1982, 104(1): 105-114.

[76] Frizell K. W., Pugh C. A. Chute Spillway Aerators—McPhee Dam Model/ Prototype Comparison [C]. Proceedings of Model-Prototype Correlation of Hydraulic structures, Colorado, USA, 1988: 128-137.

[77] 刘大明. 高流速水工建筑物上掺气槽通气量的水力模拟[J]. 长江科学院院报, 1995, 12(1): 1-10.

[78] Rutschmann P. Calculation and Optimum Shape of Spillway Chute Aerators [C]. Proceedings of Model-Prototype Correlation of Hydraulic Structures, ASCE, Colorado, United States, 1914: 118-127.

[79] Zengnan D., Jinjun W., Changzhi C., et al. Turbulent Characteristics of Open Channel Flows over Rough Beds[C]. Proceedings of XXIV IAHR Congress, Madrid, Spain, 1991: C30-C40.

[80] 杨永森, 陈长植. 掺气槽上射流挟气量的数学模型[J]. 水利学报, 1996 (3): 13-31.

[81] Nemesio C. R., Marcano A. Aeration at Guri Final Stage Spillway [C]. Proceedings of International Symposium on Model-Prototype Correlation of Hydraulic Structures, Colorado, United States, 1988: 102-109.

[82] Pinto N. D. S. Designing Aerators for High Velocity Flow[J]. Proceedings of International water power and dam construction, 1989, 41(7): 44-48.

[83] Semenkov V. M., Lentyaev L. D. Spillway with Nappe Aeration[J]. Hydrotechnical Construction, 1973, 7(5): 436-441.

[84] 夏毓常. 乌江渡—冯家山泄水建筑物通气坎槽通气量原型观测成果分析

[J]. 水利学报, 1990(2): 37-41.

[85] Volkart P., Chervet A. Air Slots for Flow Aeration, Mitteilungen der Versuchsanstal fur Wasserbau Hydrologie und Glaziologie [R]. ETH-Zurich, Switaerkand, 1983.

[86] 邵媖媖, 潘水波. 泄水建筑物通气减蚀设施的设计与应用 [J]. 水力发电, 1987(10): 14-17 +62.

[87] 时启燧, 潘水波, 邵媖媖, 等. 通气减蚀挑坎水力学问题的试验研究 [J]. 水利学报, 1983(03): 3-15.

[88] Chanson H. Study of Air Entrainment and Aeration Devices [J]. Journal of Hydraulic Research, 1988, 27(3): 301-319.

[89] 刘俊柏. 龙羊峡泄水建筑物全水头运行下小坡度明渠上通气减蚀措施评述 [J]. 西北水电, 1987(02): 9-15.

[90] 支拴喜, 阎晋垣. 齿墩式掺气坎的水力特性的研究 [J]. 水利学报, 1991 (02): 42-46.

[91] 庞昌俊, 苑亚珍. 大型"龙抬头"明流泄洪洞小底坡掺气减蚀设施的选型研究 [J]. 水利学报, 1993 (06): 61-66.

[92] 董槐三. 高水头大流量泄洪消能研究 [J]. 水力发电, 1998(3): 21-24.

[93] 孙双科, 杨家卫, 柳海涛. 缓坡条件下掺气减蚀设施的体型研究 [J]. 水利水电技术, 2004, 35(11): 26-29.

[94] 刘超, 杨永全. V 型掺气坎体型研究 [C]. 全国水力学与水利信息学学术大会. 天津, 2003.

[95] 吴伟伟, 吴建华, 阮仕平. 平底泄洪洞掺气设施体型研究 [J]. 水动力学研究与进展, 2007, 22(04): 397-402.

[96] 刘超. 龙抬头泄洪洞反弧段下游侧墙掺气减蚀研究 [D]. 成都: 四川大学, 2006.

[97] 冯永祥, 刘超, 张晓松. 二滩水电站泄洪洞侧墙掺气减蚀研究与实践 [J]. 中国三峡, 2008, 14(3): 38-40.

[98] 罗全胜. 溪洛渡3#泄洪洞水力学模型试验研究 [D]. 大连: 大连理工大学, 2005.

[99] 许唯临. 高坝泄洪安全新技术的研究与应用 [C]. 全国水动力学研讨会. 成都, 2009.

[100] 雷显阳, 吴时强, 周辉, 等. 白鹤滩泄洪洞反弧段侧墙掺气减蚀研究 [C]. 全国水力学与水利信息学大会, 2011.

[101] 张建民, 许唯临, 王韦, 等. 高水头冲沙放空洞边墙空蚀破坏原因探讨 [J]. 水力发电学报, 2010, 29(5): 197-201.

[102] 张效先, 孙可寅, 高学平, 等. 水利枢纽溢洪道掺气坎槽体型研究[J]. 水利水电技术, 2004, 35(09): 51-53.

[103] Rutschmann P., Hager W. H. Design and Performance of Spillway Chute Aerators[J]. International Water Power and Dam Construction, 1990, 42: 36-42.

[104] K. Z., T. M., Castillejo. Some Experience on the Relationship between a Model and Prototype for Flow Aeration in Spillways[C]. Proceedings of International Conference on the Hydraulic Modelling of Civil Engineering Structures, Coventry, England, 1982: 285-295.

[105] Chanson H. Predicting the Filling of Ventilated Cavities behind Spillway Aerators[J]. Journal of Hydraulic research, 1995, 33(3): 361-372.

[106] 杨永森, 杨永全. 掺气减蚀设施后二维空腔流动计算[J]. 水利学报, 2000, 31(6): 54-60.

[107] 徐一民, 王韦, 许唯临, 等. 掺气坎 (槽) 射流空腔长度的计算[J]. 水利水电技术, 2004, 35(10): 7-9.

[108] 刘超, 李龙国, 李乃稳, 等. 突扩突跌掺气坎底空腔长度计算[J]. 四川大学学报: 工程科学版, 2015, 47(4): 1-5.

[109] 王俊勇. 明渠高速水流掺气水深计算公式的比较[J]. 水利学报, 1981 (05): 50-54.

[110] 依伦伯格. 陡槽水流掺气, 高速水流论文译丛[M]. 北京: 科学出版社, 1958: 176-185.

[111] Lin B. N. On Some Properties of Aerated Flow in Open Channels[J]. Journal of Hydraulic Engineering, 1962: 8-15.

[112] 吴持恭. 明槽自掺气水流的研究[J]. 水力发电学报, 1988(4): 25-38.

[113] Peterka A. J. The Effect of Entrained Air on Cavitation Pitting[C]. Proceedings@ sMinnesota International Hydraulic Convention, Minneapolis, MN, USA, 1953: 507-518.

[114] Peng T. T. Model Studies of Aerators on Spillways[M]. Department of Civil Engineering, University of Canterbury, Christchurch, New Zealand, 1984.

[115] Seng L. H. Model Studies of Clyde Dam Spillway Aerators[M]. Department of Civil Engineering, University of Canterbury, 1986.

［116］ Chanson H. Flow Downstream of an Aerator - Aerator Spacing［J］. Journal of Hydraulic Research, 1989, 27(4)：519-536.

［117］ Gaskin S., Aubel T., Holder G. Air Demand for a Ramp-Offset Aerator as a Function of Spillway Slope, Ramp Angle and Froude Number［C］. Proceedigns of the 30th IAHR Congress, 2003：719-724.

［118］ 阮仕平. 泄水建筑物掺气设施水力特性研究［D］. 南京：河海大学, 2008.

［119］ Volkart P., Rutschmann P. Aerators on Spillway Chutes：Fundamentals and Applications［C］. Proceedings of Advancements in Aerodynamics, Fluid Mechanics and Hydraulics, Minneapolis, United States, 1986：162-177.

［120］ Shi Q. S. Experimental Investigation of Flow Aeration to Prevent Cavitation Erosion by a Deflector［J］. Journal of Hydraulic Engineering, 1983.

［121］ 吴持恭. 高速水力学研究的进展［J］. 大自然探索, 1992(3)：100-106.

［122］ 高月霞. 高速水流掺气与通气减蚀的试验研究［D］. 合肥：合肥工业大学, 2005.

［123］ Rasmussen R. Some Experiments on Cavitation Erosion in Water Mixed with Air［C］. Proceedings of International Symposium on Cavitation in Hydrodynamics, National Physical Laboratory, London, UK, 1956：1-25.

［124］ Kramer K., Hager W. H., Minor H. -E. Development of Air Concentration on Chute Spillways［J］. Journal of Hydraulic Engineering, 2006, 132(9)：908-915.

［125］ Wei C., Defazio F.：Simulation of Free Jet Trajectories for the Design of Aeration Devices on Hydraulic Structures, Finite Elements in Water Resources：Springer, 1982：1039-1048.

［126］ 罗铭. 掺气减蚀设施后沿程掺气浓度的数学模拟［J］. 水利学报, 1987(09)：19-26.

［127］ Chanson M. H. Predicting the Filling of Ventilated Cavities behind Spillway Aerators［J］. Journal of Hydraulic research, 1995, 33(3)：361-372.

［128］ 时启燧. 高速水气两相流［M］. 北京：中国水利水电出版社, 2007.

［129］ 崔陇天. 掺气挑坎下游的含气浓度分布［J］. 水利学报, 1985(01)：47-52.

［130］ 斯里斯基. 高水头水工建筑物的水力计算［M］. 北京：水利电力出版社, 1984.

［131］ 高又生. 封闭泄水管道的通气［J］. 水利水电科技进展, 1980.

[132] 高又生. 明流管道进气量分析[C]//水利水电科学研究院科学研究论文集(第3集), 北京：中国工业出版社, 1963.

[133] 罗惠远. 泄水管道进气问题的研究[J]. 水利学报, 1984, (8)：66-72.

[134] 韩立. 闸门后泄水管道通气量计算问题研究综述[J]. 水资源与水工程学报, 1990(2)：1-10.

[135] 刘清朝, 李桂芬. 明流泄水洞通气量的数学模型[J]. 水利水运工程学报, 1989(3)：25-32.

[136] A. A. Kalinske, J. M. Robertson. Entrainment of Air in Flowing Water：A Symposium：Closed Conduit Flow[J]. Transactions of the American Society of Civil Engineers, 1943, 108：1435-1447.

[137] Wisner P. Hydraulic Design for Flood Control by High Head Gated Outlets [C]. Proceedings of the 9th International Congress on Large Dams, Istanbul, Turkey, 1967：C12.

[138] Sharma H. R. Air-Entrainment in High Head Gate Conduits[C]. Journal of the Hydraulics Division, American Society of Civil Engineers, 1976.

[139] 陈肇和, 黄文杰, 叶寿忠. 泄洪管道需气量原型规律的研究[J]. 水利水运工程学报, 1986(1)：3-20.

[140] 李盼, 张建民, 李君宁. 淹没出流泄洪洞通风井进气量试验研究[J]. 中国农村水利水电, 2017(1)：135-138.

[141] 岳书波, 刁明军, 赵静. 高速明流泄洪洞的通气量分析与研究[J]. 四川大学学报：工程科学版, 2013(4)：7-12.

[142] 陕西省水利科学研究所水工研究室. 深水闸门后通气问题的初步分析[J]. 陕西水利, 1976(2)：67-76.

[143] Campbell F. B. , Guyton B. Air Demand In Gated Outlet Works[C]. Proceedings of the 5th Congress of the International Association of Hydraulic Research, Minnesota, USA, 1953：529-533.

[144] 松辽水利委员会科学研究所, 等. 水工建筑物水力学原型观测[M]. 北京：水利电力出版社, 1988.

[145] Mcgee R. G. Prototype Evaluation of Libby Dam Sluiceway Aeration System [C]. Proceedings of Model-Prototype Correlation of Hydraulic Structures, Colarado, USA, 1988：138-147.

[146] Frizell K. W. , Pugh C. A. Chute Spillway Aerators — McPhee Dam Model/Prototype Comparison[C]. Proceedings of International Symposium

on Model-Prototype Correlation of Hydraulic Structures, Colorado, United States, 2011: 128-137.

[147] Vernet G. F., Angelaccio C. M., Chividini M. F. Model—Prototype Comparison in the Alicura Chute Spillway Air System[C]. Proceedings of International Symposium on Model-Prototype Correlation of Hydraulic Structures, Colorado, United States, 2010: 110-117.

[148] Xia Y. An Analysis of Prototype Observations for Air Entrainment of Aeration Devices on High Velocity Hydraulic Structures[C]. Proceedings of Seventh Congress of The Asian and Pacific Regional Division of IAHR, Beijing, China, 1990: 13-16.

[149] Yuchang X. Model—Prototype Comparison for Air Entrainment and Cavity Length of Aeration Devices[C]. Proceedings of International Sumposium on Hydraulic Research in Nature and Laboratory, Wuhan, China, 1992.

[150] Frizell K. W. Glen Canyon Dam Spillway Tests Model—Prototype Comparison [C]. Proceedings of Hydraulics and Hydrology in the Small Computer Age, Florida, United States, 2010: 1141-1147.

[151] 周林泰, 尹洪昌, 王希锐. 丰满溢流坝水流底层掺气减蚀原型试验报告 [J]. 水利学报, 1982, (2): 19-25.

[152] Zhou L., Wang J. Erosion Damage at Fengman Spillway Dam and Investigation on Measures of Preventing Cavitation[C]. Proceedings of International Symposium on Hydraulics for High Dams, Beijing, China, 1988: 703-709.

[153] 周林泰, 王俊杰. 白山重力拱坝溢流高孔掺气减蚀设施的试验研究及原型观测[J]. 水利水电技术, 1988(11): 3-7 +44.

[154] 夏毓常. 高速水流原型观测成果分析综述[J]. 水利工程管理技术, 1989 (2): 7-10.

[155] 孙时元, 童显武, 苏祥林, 等. 东江水电站滑雪式溢洪道水力学原型观测[J]. 水力发电, 1994(1): 6-11.

[156] 李隆瑞. 陕西省石头河水库泄洪洞掺气槽的试验研究[J]. 陕西水利, 1978(1): 39-56.

[157] 邓正湖. 乌江渡水电站的泄洪消能及高速水流问题[J]. 水利水电技术, 1988(11): 8-14.

[158] 金峰, 段文刚, 廖仁强, 等. 三峡泄洪深孔选型试验研究与工程效果 [J]. 水力发电学报, 2009, 28(6): 75-81.

［159］於三大，邓浩，陈绪春. 三峡大坝泄洪建筑物水力学安全监测［J］. 水电与抽水蓄能，2004，28(2)：47-50.

［160］高盈孟，李一丁，冯家和，等. 鲁布革水电站溢洪道水力学原型观测［J］. 水力发电，1994(1)：18-24.

［161］李文炘，陈大为，高盈孟，等. 鲁布革水电站左岸泄洪洞水力学原型观测［J］. 水力发电，1994(1)：18-24.

［162］陈帮富. 东风水电站水力学原型观测成果综述［J］. 贵州水力发电，2001，15(1)：54-56.

［163］Lush P. A., Angell B. Correlation of Cavitation Erosion and Sound Pressure Level［J］. Journal of Fluids Engineering, 1984, 106(3)：347-351.

［164］Zhang D., Liu Z. -P., Jin T. -L., et al. Cavitation Inception Witnessed by Sound Pressure Level in Model Test and Prototype Observation［J］. Journal of Hydrodynamics Series B, 2004, 16(2)：227-232.

［165］Jian-Hua W., Wei-Wei W., Shi-Ping R. On Necessity of Placing an Aerator in the Bottom Discharge Tunnel at the Longtan Hydropower Station［J］. Journal of Hydrodynamics Series B, 2006, 18(6)：698-701.

［166］Wood I. R. Air Water Flows［C］. Proceedings of the 21st Congress of the International Association for Hydraulic Research, Melbourne, Australia, 1985：18-29.

［167］胡去劣. 鲁布革水电站左岸泄洪洞水力学试验［J］. 水利水运工程学报，1987(4)：17-27.

［168］昆明勘测设计研究院. 云南省澜沧江糯扎渡水电站泄水建筑物水力学原型观测试验报告［R］. 2015.

［169］中国水利水电科学研究院. 锦屏一级水电站泄洪洞水力学模型试验研究报告［R］. 2011.

［170］吴兴敏，祖国海. 汽车整形与美容［M］. 北京：北京理工大学出版社，2015.

［171］崔广涛. 水流动力荷载与流固相互作用［M］. 北京：中国水利水电出版社，1999.

［172］谢省宗. 关于泄水建筑物紊流压力脉动问题的几点看法［J］. 高速水流，1984(2)：1-11.

［173］刘昉. 水流脉动壁压特性及其相似律研究［D］. 天津：天津大学，2007.

［174］黄涛. 水流压力脉动的特性及模型相似律［J］. 水利学报，1993(1)：

51-57.

[175] Glazov A. I. Calculation of the Air-Capturing Ability of a Flow behind an Aerator Ledge[J]. Hydrotechnical Construction, 1984, 18(11): 554-558.

[176] Te Chow V. Open Channel Hydraulics[M]. McGraw-Hill Book Company, Inc; New York, 1959.

[177] Roeser R. J., Valente M. Audiology-Diagnosis[M]. New York: Thieme, 2007.

[178] 中华人民共和国水利部. 水利水电工程钢闸门设计规范: SL 74—2013 [S]. 北京: 中国标准出版社, 2013.

[179] 中华人民共和国水利部. 水工隧洞设计规范: SL 279—2016 [S]. 北京: 中国标准出版社, 2016.